欧氏空间分片等距系统若干动力学问题研究

余荣忠　著

哈爾濱工業大學出版社

内容简介

本书系统探讨了一类源于电子工程等实际问题的分片等距系统(PWIs)的动力学性质.该类系统是一维区间交换变换(IET)的高维推广.内容涵盖周期点与无理点的存在性、周期元胞的几何结构(如高维周期元胞的中心对称性)、无理集非空性及编码对应关系、周期元胞填充的无切性,以及系统复杂度的计算方法.本书整合了数学理论与应用背景,为分片等距动力系统研究提供了深入的理论框架和实用工具.

本书适合间断动力系统相关领域的科研人员、高校教师、研究生和高年级本科生阅读,也可供对数学理论与工程应用交叉研究感兴趣的学者参考.

图书在版编目(CIP)数据

欧氏空间分片等距系统若干动力学问题研究/余荣忠著.—哈尔滨:哈尔滨工业大学出版社,2025.6.—ISBN 978－7－5767－2255－0

Ⅰ.O19

中国国家版本馆 CIP 数据核字第 20252K7K42 号

策划编辑　杨秀华
责任编辑　杨秀华
封面设计　刘　乐
出版发行　哈尔滨工业大学出版社
社　　址　哈尔滨市南岗区复华四道街 10 号　邮编 150006
传　　真　0451－86414749
网　　址　http://hitpress.hit.edu.cn
印　　刷　哈尔滨圣铂印刷有限公司
开　　本　720 mm×1 000 mm　1/16　印张 6　字数 94 千字
版　　次　2025 年 6 月第 1 版　2025 年 6 月第 1 次印刷
书　　号　ISBN 978－7－5767－2255－0
定　　价　68.00 元

前 言

分片等距系统的基本模型源于 20 世纪八九十年代一些学者对电子工程学的一些实际问题的研究. 后来很多数学学者开始把该类问题视为一维区间交换变换的高维推广，并从纯数学的角度来研究该类映射的动力学性质以试图建立起一般的理论框架. 本书主要研究的是分片等距系统的几个基础问题，包括周期点的存在性、无理点的存在性、周期元胞填充的切性，以及复杂度等相关问题.

作者在第 1 章中主要介绍了分片等距系统中一些主要的研究问题以及研究状况，然后叙述了作者在本书中的一些研究工作.

第 2 章，主要介绍分片等距系统的一些基本概念，包括分片等距映射、编码、元胞、敛散性等，并讨论了一类三维分片等距系统的敛散性.

第 3 章，主要讨论高维分片等距系统的周期元胞的基本结构，并得到高维分片等距系统的周期元胞是中心对称体或者是关于一子空间的对称体，这一结果是平面分片等距系统相应结果的一个高维推广. 作者还对平面分片等距系统周期编码的存在性做了一定研究，并给出了周期编码存在性的一个充分必要条件和一个充分条件.

第 4 章，主要讨论的是无理集的一些相关问题. 主要涉及平面分片无理旋转映射，无理集的非空性，以及无理集与所有可允的无理编码的对应关系.

第 5 章，讨论了不同周期元胞的切性关系. 作者对一般的高维分片等距系统的周期元胞填充的无切性进行了详细刻画，并把该结果运用到平面分片等距系统的相关问题，得到任意一平面分片无理旋转所诱导出的不变圆盘填充都是无切的，这一结论加强了先前所有的结果. 随后作者还对一类特殊的高维分片等距系统——乘积空间上的高维分片等距系统的周期元胞填充及其切性问题做了一些相关的说明.

第 6 章，研究了分片等距系统的复杂度等相关问题. 首先，作者抓住相空间划分的动力学加细的本质，根据示性数公式建立起一些有益的不等式. 随后根据这些不等式来讨论分片等距系统的复杂度. 对于分片有理旋转系统，作者给出了一个复杂度的基本算法，并运用该算法计算了一个具体例子（Sigma-Delta映射）的复杂度.

作者

2025 年 4 月

目　录

第1章　绪　论

§1.1　动力系统简介

动力系统是非线性科学的重要组成部分，它被广泛应用到各个领域：物理学、天文学、化学、生物与生态学、社会学等．动力系统的起源可以追溯到艾萨克·牛顿(Isaac Newton，1643—1727)的微积分理论的创立以及三大运动定律和万有引力定律的发现．其后很长一段时间里，人们乐观地认为只要能建立事物随时间变化的方程，就能够像牛顿解决二体问题那样求出其显式解，从而反演过去、预知未来．

法国数学家亨利·庞加莱(Henri Poincaré，1854—1912)于19世纪80年代创立的微分方程定性理论(或称几何理论)以及俄国数学家李雅普诺夫(Lyapunov，1857—1918)的稳定性理论为众多学者的研究带来了全新的观念．自此，人们关注的重点从求方程的显式解转到对方程进行定性分析以判断方程系统有哪些值得期待的性质．简单来说，不需要通过求解微分方程得到显式解，而是直接通过向量场来分析其解曲线(积分曲线)的性质(或者说由微分方程确定的动力系统的动力学性质)．

伯克霍夫(Birkhoff，1884—1944，美国数学家)把微分方程的积分曲线的基本性质抽象出来，并脱离微分方程而直接对动力系统进行公理性定义(限制在欧氏空间上)．

定义 1.1.1　一个连续映射 $\phi: \mathbb{R} \times E \to E$ 称为定义在 E 上的动力系统(或称连续流)，如果 $\phi_t = \varphi(t, \boldsymbol{x})$ 且满足：

(1) 对于所有的 $\boldsymbol{x} \in E$，$\phi_0(\boldsymbol{x}) = \boldsymbol{x}$．

(2) 对于所有 $s, t \in \mathbb{R}$ 且 $\boldsymbol{x} \in E$，$\phi_{s+t}(\boldsymbol{x}) = \phi_t \circ \phi_s(\boldsymbol{x})$．

其中 $E \subset \mathbb{R}^n$，有时也可记作$(E, \mathbb{R}, \phi)$．

伯克霍夫的工作(《动力系统》,1927)开创了动力系统研究的新篇章,他也因此被称为拓扑动力系统的奠基人. 1955 年,W. H. Gottschalk 和 G. A. Hedlund 的著作 *Topological Dynamics* 问世,给拓扑动力系统这一领域带来了深远的影响. 在该书中,作者在更一般的理论框架下考虑动力系统,即考虑一般的拓扑群在拓扑空间上的连续作用(把 $\mathbb{R}$ 换成一般的拓扑群 G 且把 E 换成一般的拓扑空间 X). 继而,拓扑动力系统便有了蓬勃发展(参看文献[38-39]),且成为主流数学的重要研究领域之一.

当然,如果上述二元映射 ϕ 是关于 t 和 $\boldsymbol{x}$ 可微的,那么我们也称该系统为微分动力系统或微分流;如果拓扑群为整数加法群(即 $G=\mathbb{Z}$),那么我们称该系统为离散的拓扑动力系统;再者如果 $G=\mathbb{Z}_+$,那么也称该系统为半离散拓扑动力系统. 故而,定义在拓扑空间 X 上的自同胚 $f: X\to X$ 在不断的迭代(或逆向迭代)下就构成了一个离散的拓扑动力系统,记作 (X,f);如果自映射 f 只是连续而不同胚的话,那么称 (X,f) 为半离散拓扑动力系统. 关于拓扑动力系统的一些基本概念可以参看文献[35-38,40-41]. 另外,几乎伴随着拓扑动力系统的发展,遍历理论也有了长足的发展,其基本思想是,在测度理论下考虑更一般的映射(可测映射)在可测空间上连续作用的长时间行为. 拓扑动力系统与遍历论中的一些理论有着惊人的相似性. 关于遍历理论的相关内容在这里不详述,可以参看文献[42-43].

§1.2 分片等距动力系统

从上面我们所介绍的经典动力系统的发展历史,大家可以清晰地发现:不管是微分方程决定的动力系统还是建立在微分流形上的微分动力系统抑或是一般的拓扑动力系统,最起码的要求是映射或流必须具备连续性或光滑性. 然而,自然界的本质现象往往具有奇异性,而非是理想中连续或光滑的. 所以说对带奇异性系统的研究往往更贴近自然、贴近生活,本书中作者主要介绍的是一类典型不连续映射 —— 分片等距映射(piecewise isometric 或简记为 PWI)所决定的系统的一些动力学性质.

1.2.1 研究背景

平面分片等距系统的研究起源于20世纪八九十年代L. O. Chua, L. Kocarev等人对电子工程学中一些实际问题的研究. 一些经典的电子工程学模型在很多文献中已有介绍，例如：数字滤波溢流振子[25,68-72]、Sigma－Delta调幅器[55-56,61-66]、Hamiltonian系统[67]，等等. 这类映射的一个共同特点是，由于开关切换、溢流误差等情况而产生的一些不连续现象，通过对问题的简化，最终可以转化为一个不连续分片线性映射迭代的动力学行为的研究. 当线性部分具有一对共轭的单位复特征根时，通过坐标变换，这类映射可以转化为分片等距映射.

几乎同时，很多数学学者开始用纯数学的观点来研究这类问题，并对分片等距系统做了一些基础性的工作[73-77,87,89]. 一个自然的想法就是把这类问题归结为一维区间上区间交换变换(interval exchange transformation，简记为IET)[30-33]的高维推广. 事实上，区间交换变换的动力学行为正是20世纪七八十年代拓扑动力系统和遍历理论研究的重要领域，时至今日，依然有很多学者致力于这方面的研究[34].

然而，与一维的IET不同的是，高维的PWIs不但与平移量有关，还与其线性部分有关，从而研究起来要复杂得多. 再者，一维的IET的一些理论和研究方法也很难移植到高维的PWIs中去. 总的来说，PWIs的研究具有如下几个特点：

(1) 和欧氏空间上的连续映射一样，PWIs也比较直观，易于计算机模拟(特别是二维情况).

(2) 虽然模型简单(每个划分元上的限制映射都为等距映射)，但是该类系统往往呈现出非常复杂的动力学性质，且其例外集具有非常复杂的分形结构.

(3) PWIs在拓扑观点下具有奇异性，而在测度观点下又非常平凡，致使从事这方面的研究缺乏强有力的工具(或许是还没有找到合适的理论工具).

1.2.2 研究内容和研究现状

虽然该领域的研究工作有相当的难度，但是在过去二十年里还是有很多学者花费大量的精力从事这方面的研究，并致力于建立更加成熟的理论框架. 其中代表人物有 J. Buzzi, E. Gutkin, P. Ashwin, X. C. Fu, A. Goetz 等. 本书系统地介绍了该领域的主要研究问题和研究现状，其中涉及的一些术语将在后续章节中予以介绍.

周期性无疑是动力系统最基本的研究问题之一，相比较而言，这方面的研究也更加直观. 文献[6,9,12] 对平面 PWIs 的周期元胞结构给予了比较详细的刻画，其结果可以表述如下：

定理 1.2.1 (P. Ashwin, X. C. Fu, A. Goetz, M. Trovati[6,9,12]) 假设 $(T,M,\mathcal{M})$ 为一分片等距系统，如果一周期编码 ω 是可允的，那么其所对应的周期元胞 $C(\omega)$ 为一具有内部的凸区域；再者，如果该系统的各限制映射的线性部分满足

$$\rho_0^{n_0}\rho_1^{n_1}\cdots\rho_{r-1}^{n_{r-1}}=0, n_k\in\mathbb{N}\text{蕴含 } n_k=0, k=0,1,\cdots,r-1$$

那么 $C(\omega)$ 为一开圆盘(除去可数个边界上的点).

一个自然的问题就是，如果 $\mathcal{P}(\omega)$ 为分片等距映射 T 的一可允的周期编码，那么在映射 T 作微小扰动下，$\mathcal{P}(\omega)$ 是否为扰动后所得新映射的可允编码？不妨称为周期编码是否具有结构稳定性问题. 这一问题最初由 A. Goetz 在文献[12] 中提出，并对复平面上的分片旋转映射族进行了讨论，得到如下结论.

定理 1.2.2 (A. Goetz[12]) 假设 $\mathcal{T}$是定义在复平面$\mathbb{C}$的紧子集 X 上的分片旋转映射族，且每个映射 $T\in\mathcal{T}$都具有相同个数的划分元，且 $\mathcal{T}$的拓扑是由度量 $d_{\mathcal{T}}$ 所诱导的. 那么对于任意无理的分片旋转 $T\in\mathcal{T}$和它的任意具有正测度的元胞 $C(\omega)_T$，一定存在 T 的一邻域 $T_\delta\subset\mathcal{T}$，使得对于任意的 $T'\in T_\delta$，其编码为 ω 的元胞存在(即 ω 在 T' 下也是可允的) 且

$$\lim_{T\to T'}C(\omega)_T=C(\omega)_{T'}$$

后来 M. Mendes 和 M. Nicol 对高维中一般的 PWI 的周期编码(周期元

胞、周期点）的结构稳定性进行了分析[13-14]．相比于 A. Goetz 的工作，后者结果的显著特点是对一般高维的 PWI 进行刻画且把相空间的紧致性拓展到无界区域，当然在拓展过程中对 PWI($\mathcal{M}$) 空间的度量进行了合理的修正．

定理 1.2.3 （M. Mendes，M. Nicol[13-14]）假设 $T \in$ PWI($\mathcal{M}$) 有一个周期编码为 $\mathcal{P}(\omega)$ 的周期点 p 且 $\det(\boldsymbol{R}_\omega - \mathrm{Id}) \neq 0$．那么 p 在 T 的一个微小扰动下是稳定的．进一步地，对于任意充分小的 $\varepsilon > 0$，存在 $\delta > 0$，使得对于任意满足 $\mathrm{dist}(T', T) < \delta$ 的 T'，存在 T' 下的一周期点 p'，使得 $\| p - p' \| < \varepsilon$ 且 p' 的周期编码也为 $\mathcal{P}(\omega)$．

如上面所述，平面上无理 PWIs 的任意周期元胞都是圆盘，从而对于可逆的无理 PWIs 而言，在映射的不断迭代下，其相空间被满测度划分为有理集以及它的补集（例外集）的并．我们称所有周期元胞的并集为相空间的一个不变圆盘填充（disks packing）（由 PWIs 诱导出）．圆盘填充是计算几何和离散几何研究领域的一个非常具有难度的问题，其研究历史较长[1-5]．然而我们这里关心的一个自然问题就是这些不变圆盘填充的几何结构，或具体地说，任意两个周期圆盘会不会相切（简称不变圆盘填充切性问题）．

关于不变圆盘填充的切性问题，很多学者在相关的文献中进行了研究，并且其所有的结构都表明这种切性是非常“稀少的”，这些结论再一次证实了例外集可能具有正测度这一猜想是合理的．在文献[9]中，M. Trovati 等人证明了由平面分片等距映射所诱导出的不变圆盘填充不包含一般的 Apollonian 填充；R. Z. Yu 和 X. C. Fu 等人在文献[8]中证明了平面分片无理旋转系统中的任一周期圆盘只可能与有限个其他周期圆盘相切；P. Ashwin 和 X. C. Fu 等人合作，分别于 2001 年和 2003 年发表两篇文章[6-7]讨论了一类带有参数的 PWIs 的不变圆盘填充的切性问题（Sigma－Delta 映射和溢流映射）．

定理 1.2.4 （P. Ashwin，X. C. Fu，et al.[6-7]）在参数 $\theta \in \left[0, \frac{\pi}{2}\right)$ $\left(\left[\frac{\pi}{3}, \frac{2\pi}{3}\right] \cup \left[\frac{4\pi}{3}, \frac{5\pi}{3}\right]\right)$ 中，最多存在可数个参数使得由溢流映射（Sigma－Delta 映射）诱导出的不变圆盘填充中的周期元胞具有切性．因此参数 θ 的一个满测度集使得不变圆盘填充是无切的（tangent-free）．

后来，X. C. Fu 和 S. L. Shui 等人在一些合理的假设条件下证明了更一般的系统具有相似的结论[11]. 虽然所有这些结果都表明可逆的 PWIs 所诱导出的不变圆盘填充具有切性的可能性非常小，但是还不能完全排除切性产生的可能性.

虽然 PWIs 在各划分元上的限制映射是等距映射，因而没有压缩方向，且其所有的 Lyapunov 指数都为零[54]，但是由于 PWIs 的各划分元的像集发生重叠或者分离现象，这类系统也往往呈现出全局吸引或全局排斥性态. 对于平面 PWIs，Michael Boshernitzan 和 A. Goetz 最早于 2003 年在文献[48]中提出了全局吸引(globally attracting)和全局排斥(globally repelling)的概念，并讨论了定义在复平面上具有两个划分元的一类带两参数(α,β)的映射(Goetz 映射)的全局敛散性. 结果表明：当参数满足 $\sin\left(\beta-\frac{1}{2}\alpha\right)<0$ 时，该类系统为全局吸引的；否则，当 $\sin\left(\beta-\frac{1}{2}\alpha\right)>0$ 时，该类系统为全局排斥的. 后来 A. Goetz 和 A. Quas 又讨论了该类系统(没有全局吸引性的情况)的一些全局性质[49]. P. Ashwin 和 A. Goetz 在文献[50]中在遍历性假设的前提下讨论了一类更一般的平面 PWIs—— 锥形交换变换(cone exchange transformation，简记为 CEF)的轨道有界性. 当然，全局敛散性这一问题还远远没有被彻底解决，且作者在该文章中提出了一些公开问题.

定理 1.2.5 (P. Ashwin，A. Goetz[50]) 假设 $T:\mathbb{C}\to\mathbb{C}$为一 CET，且由它诱导出的圆周投影映射 $\widetilde{T}:S^1\to S^1$ 是唯一遍历的. 如果 $\Phi<0$，那么该系统是全局吸引的；相反，如果 $\Phi>0$，那么该系统是全局排斥的. 再者存在划分参数的满测度空间，使得映射 $\widetilde{T}$ 是唯一遍历的.

为了研究一动力系统的动力学性质，我们往往只需要讨论限制在其吸引子(如果有吸引子 attractor)上的子系统的动力行为. 从而对吸引子的刻画亦显得非常重要. PWIs 的全局吸引子最早见于文献[51]. 后来，M. Mendes 在文献[52]中研究了一个 PWI 映射的全局吸引行为，并给出了拟不变(quasi-invariant)吸引子的概念. X. C. Fu 和 J. Q. Duan 利用不变测度理论对全局吸引子进行了刻画[53-54].

定理 1.2.6 (X. C. Fu, J. Q. Duan[53]) 如果 $A \subseteq M$ 是紧致的且 $T \in \mathrm{PWI}(M)$，那么 A 为 T 的全局吸引子当且仅当对于任意的可测集 $B(A \subset B \subset M)$ 且 $\ell(B \backslash A) > 0$ 都有 $\mu_A \in \mathcal{M}(M, T)$ 且 $\mu_B \notin \mathcal{M}(M, T)$.

对系统复杂性的刻画一直是动力系统领域的重要主题之一，对于 PWIs 而言，这也不例外. 熵是描述系统复杂性的一个常见度量，测度空间上熵的概念是由 Kolmogorov 于 1958 年提出的，后来 Adler 与 Konheim 于 1965 年[15]在拓扑空间上也引入了熵的概念 —— 拓扑熵. 当然不管是 Adler 利用开覆盖所定义的拓扑熵，还是后来 Bowen(1977) 利用张成集和分离集所定义的拓扑熵，都离不开映射的连续性. 然而，对于 PWIs 或者分片仿射系统而言，可以利用相空间的自然划分以及其动力学加细来定义其拓扑熵(姑且沿用此概念). 事实上，如上所定义的拓扑熵等同于符号空间中的符号熵. 1995 年，E. Gutkin 和 N. Haydn 考虑了一般的多边形区域交换映射的拓扑熵，并利用几何方法给出拓扑熵的上界估计[17]. 随后，同一作者在文献[18] 中同样利用几何的方法对多边形交换系统的拓扑熵进行了更为精确的估计，并将其应用到 polygonal billiards 系统，得到该类系统的拓扑熵为零. 1999 年，A. Goetz 在文献[19] 中利用符号分析考虑了 PWIs 的拓扑熵，并给出了一个猜测 —— 任意欧氏空间上的 PWIs 具有零拓扑熵. J. Buzzi 于 2001 年对该猜测给出了一个肯定的证明[20].

定理 1.2.7 (J. Buzzi[20]) 定义在任意维欧氏空间上的任意 PWI 都具有零拓扑熵.

自此之后，很多学者发现拓扑熵作为一个描述 PWIs 复杂性的度量显得比较“粗糙”，于是便给出复杂度的概念. A. Goetz 在文献[77] 中利用上极限的方式第一次给出 PWIs 复杂度的概念. 事实上，很多模型和例子都表明：如果采用通常的极限定义方式，其复杂度也很可能存在. P. Ashwin 和 X. C. Fu 在文献[74] 中给出复杂度的一个新定义(利用通常的极限方式)，并得到一维 IET 的复杂度存在，且要么为 0，要么为 1，但是在该文献中，作者并没有证明高维 PWIs 复杂度定义的合理性. 不过从数字模拟结果来看，这样的定义是合理的，并且所有的数字结果[21] 都表明：PWIs 的复杂度是不超过空间维数的整数. E. Gutkin 在文献[22]中利用几何方法考虑二维空间上(不仅仅为平面)分片凸变换的复杂度问题,并把这些结果应用到平面上的 polygonal billiards 系统中. Z. H. Chen 等人在文献[24]中采用文献[22]的一些有益的结果来讨论 PWIs 的复杂度问题,得到一些相应的结果,并应用到有理的 Goetz 映射中,得到该系统具有零复杂度. 至今,PWIs 复杂度的存在性证明与复杂度的一般性计算方法依然成为公开问题.

PWIs 中混沌行为的研究是该领域的一个研究"洼地",很少有学者对这方面进行有效的研究. Chua 和 Lin 在文献[25]中利用数值模拟的方法讨论了数字滤波器模型中的混沌行为. X. C. Fu 等人在文献[26]中研究了连续或不连续映射的混沌集,并得到 PWIs 的混沌集(scram bled set)包含在例外集中. B. Kahng 于 2009 年的三篇文献[27-29]中研究了 PWIs 中的 Denvaney 混沌,把不连续集分成三类,从而刻画 Denaney 混沌产生的可能性. 不过,所有这些工作都只是对 PWIs 中混沌行为刻画的一个试探性的开始.

PWIs 与 IETs 关系的刻画,近年来取得了较好的研究成果[82-83],通过 IET 嵌入到 PWIs,为理解 PWIs 的动力学行为提供了新的视角,并证明在特定条件下,几乎所有的 IET 可以非平凡且等距地嵌入到一类 PWIs 中,从而为 PWIs 的不变曲线(类似于 KAM 理论中的不变曲线)的存在性提供理论支持,揭示了 PWIs 中不变曲线的存在性,这些曲线非圆弧或线段的并,而是类似于 KAM 理论中的不变曲线,且具有更复杂的几何结构.

定理 1.2.8 (Pedro Peres, Ana Rodrigues[82]) 对于满足亏格 $g(\mathfrak{R}) \geqslant 2$ 的几乎任意区间交换变换 $(I, f_{\lambda,\pi})$,存在一旋转参数集 $W \subset \mathbb{T}^A$,使得对于所有的 $\theta \in W$,存在一 PWIs 族 F_θ 和区间交换变换 $(I, f_{\lambda,\pi})$ 到分片等距映射 $(X, T) \in F_\theta$ 的非奇异等距嵌入映射 $\gamma_\theta: I \to X \subset \mathbb{C}$,即下图标可交换.

$$\begin{array}{ccc} I & \xrightarrow{f_{\lambda,\pi}} & I \\ \gamma_\theta \downarrow & & \downarrow \gamma_\theta \\ X & \xrightarrow{T} & X \end{array}$$

PWIs 还有其他一些"零碎"的研究问题:对称性、例外集的测度猜想等. M. Mendes 在文献[57]中讨论了一类 Goetz 映射在 Lebesgue 测度下几乎处处对称性. P. Ashwin 等人研究了一类 PWIs 全局吸引子的几何结构,并描述了非光滑不变曲线的存在性[58]. 例外集测度估计一直是该领域的一个难题,到目前为止,还没有给出一个明确的结论,一些数值结果表明:无理 PWIs 的例外集可能具有正测度. Lachlan,Thomas,M. Y. Wang 等人讨论了球面上因为切割和重洗(cutting and shuffling) 机制引起的分片等距系统的相关性质[85-86,88].

§1.3　本书的主要工作

本书的主要工作,包括有理集的非空性、高维周期元胞的结构刻画、平面上无理 PWIs 的无理集的非空性、无理点与可允无理编码的一一对应关系、高维 PWIs 的不变周期填充的几何结构 —— 无切性,以及复杂度的理论证明与计算方法. 这里罗列的内容在后文中有详细的介绍,并且其中一些内容已经公开发表.

1.3.1　有理集的有关问题

高维周期元胞的结构刻画相比于平面上的情况要复杂得多,作者通过 PWIs的欧氏群结构,把限制在周期元胞上的分片等距映射转化为若干个一维和二维的 PWIs 的乘积形式,给出了结论 1.3.1. 这一结果推广了以往的所有结果. 尽管周期性是简单的动力学行为,并且几乎所有的平面 PWIs 都具有周期点(周期编码),但是理论上没有给出完整的证明. 结论 1.3.2 给出了周期点(周期编码) 存在性的一个充分必要条件,并且结论 1.3.3 给出了一个充分条件. 关于有理集的其他一些结果在文中可以详细查阅,本部分主要内容已经发表[90].

结论 1.3.1　对于定义在欧氏空间 $\mathbb{R}^d$ 中的保方向的分片等距系统 $(T,M,\mathcal{M})$,假设 $C(\omega)$ 为周期编码 $\omega=\mathcal{P}(\omega_0\omega_1\cdots\omega_{p-1})$ 所对应的周期元胞,那么元胞 $C(\omega)$ 是凸的且有正的 Lebesgue 测度.

(1) 如果 $r_1=0$,那么集合 $\overline{C(\omega)}$ 是关于中心对称的;如果 $r_1\neq 0$,那么集合

$\overline{C(\omega)}$ 是关于一超平面对称的.

(2) 假设 $r_1=0$ 且所有的 θ_i 是有理无关的,如果存在一点

$$\boldsymbol{z}=(z_1,\cdots,z_i,\cdots,z_{r_2})\in\overline{C(\omega)}$$

那么满足条件 $\|z'_i\|\leqslant\|z_i\|(1\leqslant i\leqslant r_2)$ 的任意一点 $\boldsymbol{z}'=(z'_1,\cdots,z'_i,\cdots,z'_{r_2})$ 都属于 $\overline{C(\omega)}$.

结论 1.3.2 对于可逆的分片等距系统 $(f,M,\mathcal{M})$,如果相空间具有有限的 Lebesgue 测度,那么存在有理点当且仅当奇异集 $\mathcal{E}$ 在相空间中不稠密.

结论 1.3.3 对于分片等距系统 $(f,M,\mathcal{M})$ 而言,如果 $\mathcal{E}_-=\mathcal{E}_+$,那么有理集非空.

1.3.2 无理集的有关问题

无理集相较于有理集更为重要,因为有理集上的动力学行为相对而言比较简单,而 PWIs 的一些复杂动力学性质都在无理集上出现. 结论 1.3.4 主要刻画了平面上分片无理旋转中无理集的非空性;而结论 1.3.5 描述了非奇异无理点与可允的无理编码具有一一对应关系,这一结果相较而言尤为重要,因为可以建立限制在无理集上的子系统与限制在可允编码上的子移位映射的对应关系,从而通过子移位映射的动力学性质来考虑无理集上的动力学行为. 本部分的主要内容已发表[91].

结论 1.3.4 $(f,M,\mathcal{M})$ 为分片无理旋转系统,如果各划分元上的限制映射的旋转参数都是无理的,那么该系统一定存在可允的无理编码,即 $\mathcal{J}\neq\varnothing$.

结论 1.3.5 若 $(f,M,\mathcal{M})$ 为可逆分片无理旋转系统,则限制编码映射 $\chi:\mathcal{J}'\rightarrow\Sigma'$ 是一一的,其中

$$\mathcal{J}'=\mathcal{J}\cap(M\backslash\mathcal{E}^-)$$

且 Σ' 为由所有可允的无理编码所组成的集合.

1.3.3 周期元胞填充的切性问题

周期元胞填充的切性问题可视为周期元胞的几何结构问题,作者加强了以前的所有结果,不但把这一概念推广到高维情况,还对一般高维的周期元

胞无切性问题进行了刻画(结论 1.3.6 和结论 1.3.7)且对一类乘积空间上的高维 PWIs 的切性问题做了比较清晰的描述(结论 1.3.10).更为重要的是本书的工作彻底解决了平面上的不变圆盘的切性问题(结论 1.3.8 和结论 1.3.9).本部分主要内容已发表[92].

结论 1.3.6　$(T,M,\mathcal{M})$ 为定义在 d 维欧氏空间 $\mathbb{R}^d$ 中的 PWI,如果:

(1)$(T,M,\mathcal{M})$ 满足典型可逆性条件.

(2) 对于任意可允的有限编码 $\omega_0\omega_1\cdots\omega_k$ 和任意的 $\boldsymbol{n}_i,\boldsymbol{n}_j\in N(\mathcal{D}')$,有

$$\boldsymbol{A}_{\omega_k}\boldsymbol{A}_{\omega_{k_1}}\cdots\boldsymbol{A}_{\omega_0}\cdot\boldsymbol{n}_i\neq\pm\boldsymbol{n}_j$$

那么由 T 所诱导出的周期元胞填充是无切的.

结论 1.3.7　$(T,M,\mathcal{M})$ 为 $\mathbb{R}^d$(d 为偶数)上的 PWI.如果对于任意自然数 k 和任意序列 $\omega_0\omega_1\cdots\omega_{k-1}\in\mathcal{A}^k$,矩阵 $\prod_{i=0}^{k-1}\boldsymbol{A}_{\omega_i}=\boldsymbol{A}_{\omega_{k-1}}\boldsymbol{A}_{\omega_{k-2}}\cdots\boldsymbol{A}_{\omega_0}$ 都不存在特征值 1 且 $N(\mathcal{D}')$ 在不考虑正负号情况下仅包含一个元素.那么由 T 所生成的周期元胞填充是无切的.

结论 1.3.8　$(T,M,\mathcal{M})$ 为复平面上可逆的分片旋转系统,如果当 $k_i\geqslant 0(0\leqslant i\leqslant r-1)$ 时,等式

$$\rho_0^{k_0}\rho_1^{k_1}\cdots\rho_{r-1}^{k_{r-1}}=1$$

蕴含 $k_i=0$,那么系统所有的不变圆盘填充是无切的.

结论 1.3.9　如果复平面上可逆的分片旋转系统具有相同的无理旋转角 $\theta\left(\dfrac{\theta}{\pi}\in\mathbb{Q}^{\mathrm{C}}\right)$,那么该系统所诱导的不变圆盘填充是无切的.

结论 1.3.10　假设 $(T^i,M^i,\mathcal{M}^i)$ $(i=1,2,\cdots,k)$ 为 k 个平面 PWIs 且 $H=T^1\times T^2\times\cdots\times T^k$,如果每一个 $\{T^i,M^i,\mathcal{M}^i\}$ 都是分片无理旋转,那么系统 H 的任一周期元胞 C 都可以表示成 $C=C_1\times C_2\times\cdots\times C_k$,其中 C_i $(i=1,2,\cdots,k)$ 是系统 T^i 的周期元胞.由 H 诱导出的周期元胞填充是无切的.

1.3.4　复杂度的有关问题

在复杂度相关问题的研究中,作者主要是对 PWIs 的动力学加细的本质进行研究,给出一些非常重要的不等式关系,然后在此基础上对平面上的

PWIs进行有效的研究. 当然对于乘积空间上的高维PWIs,作者也进行了简单的刻画,但是不能推广到更一般的高维情况.

结论 1.3.11 对于任意可逆的PWI,不等式

$$\| \mathcal{M}(n) \| \leqslant \| \mathcal{M}(n-1) \| + \| \mathcal{D}'(n) \|$$

对任意的 $n \in \mathbb{N}$都成立,其中 $\mathcal{D}'(1)=\mathcal{D}'$ 且 $\mathcal{M}(0)=\mathcal{M}$.

结论 1.3.12 假设$(T,M,\mathcal{M})$为可逆的PWI,如果对于任意的 $L \in: \mathcal{D}'(n-1)$ 和 $L' \in: \Gamma^1(n)$ 都有 $T(L)$ 和 L' 互不重叠,那么下面的不等式对于任意的 $n \in \mathbb{N}$成立

$$\| \mathcal{M}(n) \| \geqslant \| \mathcal{M}(n-1) \| + \| \mathcal{D}'(n-1) \|$$

结论 1.3.13 假设$(T,M,\mathcal{M})$为可逆的平面PWI,如果存在一自然数 k_0,使得对于任意的 $L \in: \mathcal{D}'(k_0)$ 和自然数 $i \in \mathbb{N}$有 $T^i(L)$ 不会被不连续集 $\mathcal{D}$ 所截断,那么如定义 6.1.1 所定义的复杂度存在且 $p(T)=0$ 或 $p(T)=1$.

结论 1.3.14 假设$(T,M,\mathcal{M})$为平面上可逆的无理PWI,如果其发生截断现象的时间序列$\{n_j\}_{j=0}^{\infty}$ 是 syndetic 的,且$\{m_j\}_{j=0}^{\infty}$ 是有界的,那么其复杂度存在,且 $p(T)=2$.

结论 1.3.15 假设$(T,M,\mathcal{M})$为可逆的有理PWI,如果满足条件:

(1) 对于任意的初始极大元 $L \in: \mathcal{D}'$,有 $n_j(L)=t_j(L)$.

(2) 对于所有的初始极大元 $L \in: \mathcal{D}'$,存在一个公共的自然数 k_0,使得

$$l_j(L) \leqslant n_{j+k_0}(L) - n_j(L)$$

那么 $p(T)=0$ 或 $p(T)=1$.

结论 1.3.16 对于旋转参数为$\theta=\frac{3\pi}{5}$的Sigma-Delta映射,其复杂度等于1.

1.3.5 全局敛散性和超空间上局部等距系统

本部分的结论是作者在攻读学位期间对相关问题研究时所得到的阶段性成果,以期待后续工作的进一步完善. 结论 1.3.17 是先前文献[48,50]主要结果的高维推广. 而结论 1.3.18 是作者研究超空间上局部等距系统的动力学

性质的最初步的结果. 值得注意的是，超空间上局部等距系统的动力学性质的研究对我们在抽象度量空间上建立定义局部等距系统并讨论其动力性质具有非常重要的积极意义.

结论 1.3.17　对于由式(2.1)所定义的三维 Goetz 映射，假设特征对映射 $\hat{T}$ 是唯一遍历的.

(1) 如果 $\Phi < 0$，那么该系统是全局吸引的，即存在 $R > 0$，使得对于任意的 $\boldsymbol{x} \in \mathbb{R}^3$ 且 $\|\boldsymbol{x}\| > R$，$\limsup_{n\to\infty}\|T^n(\boldsymbol{x})\| < R$.

(2) 如果 $\Phi > 0$，那么该系统是全局排斥的，即存在 $R > 0$，使得对于任意的 $\boldsymbol{x} \in \mathbb{R}^3$ 且 $\|\boldsymbol{x}\| > R$，$\lim_{n\to\infty}\|T^n(\boldsymbol{x})\| = \infty$.

结论 1.3.18　假设$(T, X, \mathcal{X})$为平面 PWI 且 $\widetilde{T}$ 为如上所定义的集值映射. 那么 $\widetilde{T}$ 在任何 $S \in \mathscr{D}$ 处都是不连续的，而 $S \in \mathcal{K}(X)\backslash\mathscr{D}$ 上局部连续且保 Hausdorff 度量.

第 2 章　PWIs 的基础

如绪论所述，分片等距映射的研究背景来源于电子工程学中的一些现实问题. 对这一类系统的动力学性质的研究能够很好地指导现实生活和生产. 本章主要阐述 PWIs 的一些基本概念和常见几个具有实际背景的例子.

§2.1　分片等距系统(PWIs)

为了在更一般的框架下给出 PWIs 的定义，首先介绍等距映射空间的群表示方法(文献[13]). 记

$$\mathbb{O}(n)=\{\boldsymbol{A}\in\mathbb{GL}(n)\mid \boldsymbol{A}\boldsymbol{A}^{t}=\mathrm{Id}\}$$

为全体 n 阶正交矩阵所构成的集合，它在矩阵乘积下构成一个群 —— 正交群(为特殊线性群$\mathbb{GL}(n)$ 的子群). 同时令

$$\mathbb{SO}(n)=\{\boldsymbol{A}\in\mathbb{O}(n)\mid \det\boldsymbol{A}=1\}$$

为全体 n 阶保向正交矩阵所构成的集合，同样在通常的矩阵乘积下构成一个群，称为特殊正交群(正交群的子群).

欧氏空间 $\mathbb{R}^n$ 的所有等距映射所构成的群称为欧氏群$\mathbb{E}(n)$，它是由正交群$\mathbb{O}(n)$ 和欧氏向量群 $\mathbb{R}^n$ 的半直积所形成的，即

$$\mathbb{E}(n)=\mathbb{O}(n)\ltimes\mathbb{R}^n$$

如果说$\mathbb{R}^n$ 上的一个等距映射 $T=(\boldsymbol{A},\boldsymbol{v})\in\mathbb{E}(n)$ 意味着 $\boldsymbol{A}\in\mathbb{O}(n)$ 且 $\boldsymbol{v}\in\mathbb{R}^n$. 对于任意两个等距映射 $T_1=(\boldsymbol{A}_1,\boldsymbol{v}_1)$，$T_2=(\boldsymbol{A}_2,\boldsymbol{v}_2)\in\mathbb{E}(n)$，其半直积可以表示为 $T_1T_2=T=(\boldsymbol{A},\boldsymbol{v})$，其中 $\boldsymbol{A}=\boldsymbol{A}_1\boldsymbol{A}_2$ 且 $\boldsymbol{v}=\boldsymbol{A}_1\boldsymbol{v}_2+\boldsymbol{v}_1$.

同理，我们可以定义特殊欧氏群为所有保向等距映射所构成的集，记为

$$\mathbb{SE}(n)=\mathbb{SO}(n)\ltimes\mathbb{R}^n$$

定义 2.1.1　假设 $M\subset\mathbb{R}^d$ 为紧致的连通子集，称映射 $T:M\to M$ 为具有划分 $\mathcal{M}=\{M_0,M_1,\cdots,M_{r-1}\}$ 的分片等距映射，如果：

(1) $\bigcup_{i=0}^{r-1} \overline{M}_i = M$ 且对于任意的 $i \neq j$, $M_i \cap M_j = \varnothing$，称每个开集 M_i 为一个划分元.

(2) $T|_{\overline{M}_i} = T_i \in \mathbb{E}(d)$，即 $T_i(\boldsymbol{x}) = \boldsymbol{A}_i \cdot \boldsymbol{x} + \boldsymbol{v}_i$.

为简便起见，可以记为三元对$(T, M, \mathcal{M})$，且 $T = (\boldsymbol{A}, \boldsymbol{v})$, $T_i = (\boldsymbol{A}_i, \boldsymbol{v}_i)$.

当然有时为了考虑 PWIs 的全局性质，也可以把相空间定义为 $\mathbb{R}^d$（特别地，平面上的全局行为在一些文献中已有研究[48-51]）. 本书中如不特别说明，我们讨论的对象是保向的分片等距映射($T \in \mathbb{SE}(n)$)且每个划分元 M_i 都为欧氏空间中的多面体区域 —— 由若干个 $d-1$ 维的超平面围成的区域.

令

$$\mathcal{D} = \bigcup_{i \neq j} \overline{M}_i \cap \overline{M}_j$$

为分片等距映射 T 的不连续点集. 值得注意的是，在这里我们定义的 PWI 在不连续集上是多值映射. 当然，在很多文献中[13,74,76-77]，对于不连续集上的点没有定义或者只作单边的定义，事实上不管是哪种定义方式，其系统的动力学性质没有变化. 所以有时候也称不连续集为多值集，即

$$\mathcal{D} = \bigcup_{i \neq j} \overline{M}_i \cap \overline{M}_j = \{z \mid \#\{T(z)\} > 1\}$$

称一分片等距映射$\{T, M, \mathcal{M}\}$为可逆的，如果 $\bigcup_{i=0}^{r-1} T(M_i) = M$. 换句话说，PWIs 是可逆的指的是除去一个零测度，映射 T 是可逆的. 特别地，对于平面 PWIs 而言，如果每个限制映射 $T_j = T|_{M_j} = \exp(\mathrm{i}\theta_j) \cdot \boldsymbol{x} + \boldsymbol{v}_i$ 为一个旋转映射，那么我们称该系统为分片旋转映射(PWR). 再者，如果每个限制映射的旋转参数 θ_j 是关于 π 既约的，那么称该映射为分片无理旋转映射；否则，如果每个旋转参数都是关于 π 不可约的，那么称该映射为分片无理旋转映射.

在分片等距系统中，不连续集(多值集)$\mathcal{D}$ 的前向或逆向迭代所形成的集合扮演着非常重要的角色，它往往决定着该系统的动力学性质. $\mathcal{D}(n) = T^{-n}(\mathcal{D})$ 为第 n 次前向奇异集，称

$$\mathcal{E}_- = \bigcup_{n=0}^{\infty} \mathcal{D}(n)$$

为前向终于奇异集或简称为前向奇异集(forward singular set). 同理，令 $D' =$

$\{z \mid \#\{T^{-1}(z)\} > 1\}$ 为逆向不连续集(多值集)，可称 $\mathcal{D}'(n) = T^n(D')$ 为第 n 次逆向奇异集，且

$$\mathcal{E}_+ = \bigcup_{n=0}^{\infty} \mathcal{D}'(n)$$

为逆向终于奇异集或简称为逆向奇异集(backward singular set). 同时称

$$\mathcal{E} = \mathcal{E}_- \cup \mathcal{E}_+$$

为系统 $\{T, M, \mathcal{M}\}$ 的奇异集. 称 $\mathcal{F} = \bar{\mathcal{E}}$ 为例外集(exceptional set).

显然，以上所定义的集合 $\mathcal{D}(\mathcal{D}', \mathcal{D}'(n), \mathcal{D}(n))$ 都是由有限个 $d-1$ 维超平面上的多面体区域所构成的. 对于二维的 PWIs 而言，它们都是有限条线段的并集，并且它们都是零测度集.

§2.2 编码、元胞与填充

本节简略地介绍符号空间以及符号空间上的移位映射(详细内容参看文献[35-37])，在此基础上我们建立非前向奇异集上的编码映射，从而赋予每个轨道以编码(符号串)，并建立相应的图表关系.

2.2.1 符号动力系统简介

设整数 $r \geqslant 2$，记 $\mathcal{A} = \{0, 1, \cdots, r-1\}$ 为状态空间，并赋予集 $\mathcal{A}$ 以离散拓扑，显然 $\mathcal{A}$ 为一个紧致的拓扑空间. 作拓扑乘积

$$\mathcal{A}^{\mathbb{N}} = \prod_{n=0}^{\infty} \{\omega = \omega_0 \omega_1 \cdots \mid \omega_n \in \mathcal{A}, \forall\, n \geqslant 0\}$$

则空间 $\mathcal{A}^{\mathbb{N}}$ 亦为紧致空间. 同时，可以给空间 $\mathcal{A}^{\mathbb{N}}$ 赋予相容的距离以使其成为一个度量空间. 一个常用的度量如下：对于任意的 $\omega, \tilde{\omega} \in \mathcal{A}^{\mathbb{N}}$，有

$$\rho(\omega, \tilde{\omega}) = \sum_{n=0}^{\infty} \frac{d(\omega_n, \tilde{\omega}_n)}{2^n}$$

其中

$$d(\omega_n, \tilde{\omega}_n) = \begin{cases} 0, & \omega_n = \tilde{\omega}_n \\ 1, & \omega_n \neq \tilde{\omega}_n \end{cases}$$

称 $\mathcal{A}^{\mathbb{N}}$ 为单边符号空间. 若在 $\mathcal{A}^{\mathbb{N}}$ 上定义映射(称为移位映射) $\delta:\mathcal{A}^{\mathbb{N}}\to\mathcal{A}^{\mathbb{N}}$, $\delta(\omega_0\omega_1\cdots)=\omega_1\omega_2\cdots$, 则 $(\delta,\mathcal{A}^{\mathbb{N}})$ 构成一个离散半动力系统.

2.2.2　编码与元胞

我们可以在非前向奇异集 $M\backslash\mathcal{E}_-$ 上定义一个映射, 称为编码映射, 使得对于任意的 $x\in M\backslash\mathcal{E}_-$, 都存在一个无穷序列 $\omega\in\mathcal{A}^{\mathbb{N}}$ 与之对应.

定义 2.2.1　假设 $\{T,M,\mathcal{M}\}$ 为一 PWIs, 其中划分为 $\mathcal{M}=\{M_0,M_1\cdots,M_{r-1}\}$, 令 $\chi:M\backslash\mathcal{E}_-\to\mathcal{A}^{\mathbb{N}}$ 为一映射, 使得对于任意的一点 $x\in M\backslash\mathcal{E}_-$ 有

$$[\chi(x)]_n=\omega_n\text{ 当且仅当 }T^n(x)\in M_{\omega_n},n=0,1,\cdots$$

则称映射 χ 为编码映射, 且无穷序列 ω 为轨道 $\mathrm{orb}(x)$ 的编码(coding), 或者简称为点 x 的编码.

从上面的定义可知, 对于任意的 $x\in M\backslash\mathcal{E}_-$, 都存在唯一的无穷序列与之对应. 然而, 并不是每个无穷序列 ω 都存在一点 $x\in M\backslash\mathcal{E}_-$ 使得 $\chi(x)=\omega$, 即编码映射不是满射. 我们说一个编码(无穷序列) ω 是可允的(admissible), 如果存在一点 $x\in M\backslash\mathcal{E}_-$ 使得 $\chi(x)=\omega$. 同样, 我们说一个有限编码 $\alpha=\alpha_0\alpha_1\cdots\alpha_{n-1}$ 是可允的, 如果存在一点 $x\in M\backslash\mathcal{E}_-$ 使得 $[\chi(x)]_i=\alpha_i, i=1,2,\cdots,n-1$.

若 $\alpha=\alpha_0\alpha_1\cdots\alpha_{k-1}$ 为一有限编码, β 为一任意编码, 记 $\alpha\oplus\beta$ 为 α 连接 β 的, 即

$$[\alpha\oplus\beta]_i=\begin{cases}\alpha_i, & 0\leqslant i\leqslant k-1\\ \beta_{i-k}, & i\geqslant k\end{cases}$$

同时称 $\oplus$ 为连接运算. 称一编码 ω 是周期的, 若存在一自然数 p 使得对于任意的自然数 i 有 $\omega_i=\omega_{i+p}$, 且称满足要求的最小自然数为编码的周期. 如果 ω 是 $p-$周期的, 那么可以记作 $\omega=\mathcal{P}(\omega_0\omega_1\cdots\omega_{p-1})$, 其中 $\mathcal{P}(\cdot)$ 为周期连接运算. 如果存在一自然数 k 使得 $\delta^k(\omega)$ 为周期的, 那么称编码 ω 为终于周期的. 周期编码和终于周期编码统称为有理编码, 否则称编码 ω 为无理的.

命题 2.2.1　$(T,M,\mathcal{M})$ 为可逆的 PWIs, 一个可允编码 ω 为有理编码, 当且仅当其为周期编码.

定义 2.2.2 假设 ω 是一个可允编码(有限或无限),称由所有具有相同编码 ω 的点所构成的集为一个元胞(cell),记作 $C(\omega)$.

绪论部分已经提到,平面上的 PWI 中任意一可允周期编码 ω 所对应的周期元胞 $C(\omega)$ 为一个正测度的凸集,进一步地,其闭包要么为正多边形区域(分片有理旋转),要么为圆盘区域(分片无理旋转). 在本书中,我们将把这样的结果推广到更高维的 PWIs 中.

我们称所有可允的有理编码所对应的点构成的集合为有理集,记作

$$\mathbb{R}=\{z \mid \chi(z)\ \text{是有理的}\}$$

类似地,可以定义无理集 $\mathcal{J}$为所有可允的无理编码所对应的点构成的集合,即

$$\mathcal{J}=\{z \mid \chi(z)\ \text{是无理的}\}$$

从定义可以得到$\mathbb{R} \cup \mathcal{J} \cup \mathcal{E}=M$ 且 $\mathcal{J} \subset \mathcal{F}$.

命题 2.2.2 令 Σ' 为所有可允编码构成的集合,且 $M'=M\backslash\mathcal{E}$,那么下图可交换:

$$\begin{array}{ccc} M' & \xrightarrow{T} & M' \\ \chi\downarrow & & \downarrow\chi \\ \Sigma' & \xrightarrow{\delta} & \Sigma' \end{array}$$

即对于任意的 $z \in M\backslash\mathcal{E}$ 有 $\delta \circ \chi(z)=\chi \circ T(z)$,其中$\chi$ 为编码映射,δ 为移位映射.

值得注意的是编码映射χ 是非连续的,不是同胚的,从而不能从子移位映射的动力学性质来判断分片等距映射 T 的动力学性质. 本书中,采用符号动力学的术语是方便描述的.

2.2.3 周期元胞填充

对于平面可逆的 PWIs 而言,在映射的不断迭代下,其相空间被满测度划分为有理集$\mathbb{R}$ 和它的补集(例外集) 的并. 特别地,当 PWIs 为无理重排时,其有理集事实上就是可数开圆盘区域的并集,$\mathbb{R}=\bigcup_{\omega \in \Omega} C(\omega)$,其中指标集 Ω 为所有可允周期编码所构成的集合.

定义 2.2.3　假设$(T,M,\mathcal{M})$为平面上无理分片旋转系统，且Ω为所有可允周期编码所构成的集合，称所有周期元胞的并集

$$X=\bigcup_{\omega\in\Omega}C(\omega)$$

为相空间M的不变圆盘填充.

绪论部分已经介绍了许多学者对平面 PWIs 中的不变圆盘填充的一些研究工作，所有的结果都表明不变圆盘填充的切性是“稀少的”. 本书在后面将把填充的概念移植到高维的 PWIs 中，并研究该类系统中周期元胞的相切性问题(或者拓扑结构). 读者在后面将会发现我们的研究工作不但彻底解决了平面上 PWIs 的不变圆盘填充的切性问题，而且对高维的周期元胞切性问题做了比较好的刻画.

§2.3　全局敛散性及结构稳定性

虽然 PWIs 的各限制映射的线性部分A_i的特征值要么为单位复数，要么为 1(本书中的讨论对象都是保方向的)，即该类系统没有压缩(排斥)方向，但是对于定义在无穷区域上的 PWIs，由于各个划分元的像集产生重叠(overlap)或者互相远离，致使该类系统往往具有收敛和排斥现象.

定义 2.3.1　平面分片等距映射T是全局吸引的，如果存在一正实数M，使得对于任意的$z\in\mathbb{C}$，有

$$\limsup_{n\to\infty}\|T^n(z)\|<M$$

定义 2.3.2　平面分片等距映射T是全局排斥的，如果存在一正实数M，使得对于任意的$\|z\|>M$，有

$$\lim_{n\to\infty}\|T^n(z)\|=\infty$$

Michael Boshernitzan 和 A. Goetz 在文献[48]中首次提出上述全局收敛和全局排斥的概念，并讨论了具有两个划分元的平面 PWIs(称为 Goetz 映射)的全局收敛和发散性. 后来，P. Ashwin 和 A. Goetz 在文献[50]中利用遍历性假设讨论了一类典型的锥形交换变换的敛散性(轨道的有界性).

结构稳定性属于微分动力系统研究的中心问题(详细内容参考文献

[37]),其大致内容可以描述为:若一个连续映射 f 在小扰动下所得的映射 g 与 f 是拓扑共轭的,则称 f 为结构稳定的. 更严格的可以考虑 C^r 结构稳定性. 总之,要讨论结构稳定性,必须建立相应的映射空间并赋予相应的度量拓扑.

对于分片等距映射,我们不妨沿用结构稳定性(或许这里称作鲁棒性(robustness) 更为合理)这一概念. 首先我们必须建立分片等距映射空间的度量,从而赋予度量拓扑. 下面的定义引自文献[13].

定义 2.3.3 假设 $T,T'\in \mathrm{PWI}(\mathcal{M})$,其中 $T=\{(\boldsymbol{A}_i,\boldsymbol{v}_i)\}_{i=0}^{r-1}$ 且 $T'=\{(\boldsymbol{A}'_i,\boldsymbol{v}'_i)\}_{i=0}^{r-1}$. 令 T 与 T' 之间的距离为

$$\rho(T,T')=\sum_{i=0}^{r-1}\|\boldsymbol{A}_i-\boldsymbol{A}'_i\|_{\mathbb{O}(n)}+\sum_{i=0}^{r-1}\|\boldsymbol{v}_i-\boldsymbol{v}'_i\|_{\mathbb{R}^n}$$

式中 $\|\cdot\|_{\mathbb{O}(n)}$ 表示通常矩阵的范数;$\|\cdot\|_{\mathbb{R}^n}$ 表示欧氏空间的范数.

值得注意的是,A. Goetz 于 2001 年在文献[12]中提及了平面上分片旋转映射空间的度量. 相比上面的度量,A. Goetz 所定义的度量的优点是考虑了划分的振动,但是不足之处是只能在紧致空间上的 PWIs 映射空间上定义度量. 若 T 为一分片等距映射,记 $B(T,\epsilon)$ 为在上述所定义的度量之下的一个邻域.

定义 2.3.4 假设 T 为一PWI,说 T 的某一动力学性质 P 是结构稳定的,如果存在一充分小正数 ϵ,使得任意的 $T'\in B(T,\epsilon)$ 都具有动力学性质 P.

前面已提及,A. Goetz 和 M. Mendes 等人在文献[12,14]中刻画了平面 PWIs 周期编码的稳定性.

§2.4 高维 PWIs 的全局敛散性

系统的全局行为是值得考虑的重要主题之一,当然分片等距系统也不例外. 假设(T,X,X)为一PWI且$X=\mathbb{R}^n$,虽然限制在每个划分元上的映射是保欧氏距离的,且该类系统的所有Lyapunov指数都为零(在Lebesgue测度下). 但是由于不同划分元的像集产生重叠现象,致使该类系统也往往具有全局吸引的性质(如定义 2.3.1 和定义 2.3.2). 很多文献[48-51,53-56]都已经讨论了平面 PWIs 的全局敛散性,但是对于高维的 PWIs(甚至三维的 PWIs),其全局敛散性还没有文献涉及. 显然高维的 PWIs 全局敛散性的刻画更具难度.

下面研究一类简单的三维欧氏空间上的 PWIs, $T: \mathbb{R}^3 \to \mathbb{R}^3$, 即

$$T(\boldsymbol{x})=\begin{cases}\boldsymbol{A}_0 \cdot \boldsymbol{x}+\boldsymbol{v}_0, & \text{如果 } x_2 \geqslant 0 \\ \boldsymbol{A}_1 \cdot \boldsymbol{x}+\boldsymbol{v}_1, & \text{如果 } x_2<0\end{cases} \tag{2.1}$$

其中 $\boldsymbol{x}=(x_1, x_2, x_3)^{\mathrm{T}}$, $\boldsymbol{v}_i=(v_{i1}, v_{i2}, v_{i3})^{\mathrm{T}} \in \mathbb{R}^3$, $i=0,1$ 且 $\boldsymbol{A}_0, \boldsymbol{A}_1 \in \mathbb{SO}(3)$. 下面称式(2.1) 所定义的映射为三维 Goetz 映射.

对于任意一个非零向量 $\boldsymbol{x} \in \mathbb{R}^3$, 存在唯一一对 $(\alpha, \beta) \in [0, \pi] \times [0, 2\pi)$ 和唯一的 $\rho \in \mathbb{R}^+$, 使得 $\boldsymbol{x}$ 可以写成

$$\boldsymbol{x}=\rho(\cos \alpha, \sin \alpha \cos \beta, \sin \alpha \sin \beta)^{\mathrm{T}}$$

以后, 为方便起见, 我们用 $\boldsymbol{E}_{\alpha\beta}$ 表示 $\rho(\cos \alpha, \sin \alpha \cos \beta, \sin \alpha \sin \beta)$. 称 (α, β) 为 $\boldsymbol{x}$ 的特征对, 并记作 $\operatorname{Pair}(\boldsymbol{x})=(\alpha, \beta)$. 基于此, 可令 $\boldsymbol{v}_i=r_i \cdot \boldsymbol{E}_{\alpha_i\beta_i}^{\mathrm{T}}$ 且 $r_i \in \mathbb{R}^+$, $i=0,1$.

对于任意的 $\boldsymbol{x}=\rho \cdot \boldsymbol{E}_{\alpha\beta}^{\mathrm{T}}$, 我们可以得到 $T(\boldsymbol{x})=\rho' \cdot \boldsymbol{E}_{\alpha'\beta'}^{\mathrm{T}}$. 于是可以按如下方式定义 $[0, \pi] \times \left[-\frac{\pi}{2}, \frac{3\pi}{2}\right)$ 上的一个自映射.

定义 2.4.1　映射 $\hat{T}: [0, \pi] \times \left[-\frac{\pi}{2}, \frac{3\pi}{2}\right) \to [0, \pi] \times \left[-\frac{\pi}{2}, \frac{3\pi}{2}\right)$ 称为由 T 所诱导出的特征对映射, 如果对于 $\forall(\alpha, \beta) \in [0, \pi] \times \left[-\frac{\pi}{2}, \frac{3\pi}{2}\right)$, 有

$$\hat{T}(\alpha, \beta)=\lim_{\rho \to \infty} \operatorname{Pair}(T(\rho \cdot \boldsymbol{E}_{\alpha\beta}^{\mathrm{T}})) \tag{2.2}$$

下面记 $\|\boldsymbol{x}\|_{\mathbb{R}^3}=\sqrt{\sum_{i=1}^{3} x_i^2}$ 为向量 $\boldsymbol{x}=(x_1, x_2, x_3)^{\mathrm{T}} \in \mathbb{R}^3$ 的欧氏范数且 $\|\boldsymbol{A}\|_{\mathbb{SO}(3)}=\max_{\|\boldsymbol{x}\|=1}\|\boldsymbol{A}\boldsymbol{x}\|=1$ 为矩阵 $\boldsymbol{A} \in \mathbb{SO}(3)$ 的范数. 很显然 $\|\cdot\|_{\mathbb{R}^3}$ 和 $\|\cdot\|_{\mathbb{SO}(3)}$ 相容, 且对于任意的 $\boldsymbol{x} \in \mathbb{R}^3$ 和 $\boldsymbol{A} \in \mathbb{SO}(3)$ 有 $\|\boldsymbol{A}\boldsymbol{x}\|_{\mathbb{R}^3}=\|\boldsymbol{A}\|_{\mathbb{SO}(3)} \cdot \|\boldsymbol{x}\|_{\mathbb{R}^3}$. 下面我们将不特别标出向量欧氏范数和矩阵范数的下标.

引理 2.4.1　对于任意的 $\boldsymbol{x} \in \mathbb{R}^3$ 和 $\rho \in \mathbb{R}^+$, 下面的等式成立

$$\lim_{\rho \to \infty}(\|\rho \cdot \boldsymbol{e}^{\mathrm{T}}+\boldsymbol{x}\|-\rho-\boldsymbol{e} \cdot \boldsymbol{x})=0 \tag{2.3}$$

其中, $\boldsymbol{e}=(e_1, e_2, e_3)$ 为任意一个单位向量.

证明　令 $\boldsymbol{x}=(x_1, x_2, x_3)^{\mathrm{T}}$, 那么 $\rho \cdot \boldsymbol{e}^{\mathrm{T}}+\boldsymbol{x}=(\rho \cdot e_1+x_1, \rho \cdot e_2+x_2, \rho \cdot$

$e_3+x_3)^{\mathrm{T}}$,因此

$$\|\rho\cdot\boldsymbol{e}^{\mathrm{T}}+\boldsymbol{x}\|-\rho-\boldsymbol{e}\cdot\boldsymbol{x}=\sqrt{\sum_{i=1}^{3}(\rho\cdot e_i+x_i)^2}-\left(\rho+\sum_{i=1}^{3}e_ix_i\right)$$

$$=\frac{\sum_{i=1}^{3}(\rho\cdot e_i+x_i)^2-\left(\rho+\sum_{i=1}^{3}e_ix_i\right)^2}{\sqrt{\sum_{i=1}^{3}(\rho\cdot e_i+x_i)^2}+\left(\rho+\sum_{i=1}^{3}e_ix_i\right)}$$

$$=\frac{\sum_{i=1}^{3}x_i^2+\left(\sum_{i=1}^{3}e_ix_i\right)^2}{\sqrt{\sum_{i=1}^{3}(\rho\cdot e_i+x_i)^2}+\left(\rho+\sum_{i=1}^{3}e_ix_i\right)}$$

从而$\lim\limits_{\rho\to\infty}(\|\rho\cdot\boldsymbol{e}^{\mathrm{T}}+\boldsymbol{x}\|-\rho-\boldsymbol{e}\cdot\boldsymbol{x})=0$.

引理 2.4.2　对于由式(2.1)所定义的三维 Goetz 映射和任意的 $\boldsymbol{x}=\rho\cdot\boldsymbol{E}_{\alpha\beta}^{\mathrm{T}}\in\mathbb{R}^3$,下面的等式成立

$$\lim_{\rho\to\infty}(\|T(\boldsymbol{x})\|-\|\boldsymbol{x}\|-F(\alpha,\beta))=0 \tag{2.4}$$

其中

$$F(\alpha,\beta)=\begin{cases}r_0\cdot\boldsymbol{E}_{\alpha\beta}^{\mathrm{T}}\cdot\boldsymbol{A}_0^{-1}\cdot\boldsymbol{E}_{\alpha_0\beta_0}^{\mathrm{T}}, & \text{如果 } \beta\in\left[-\frac{\pi}{2},\frac{\pi}{2}\right]\\ r_1\cdot\boldsymbol{E}_{\alpha\beta}\cdot\boldsymbol{A}_1^{-1}\cdot\boldsymbol{E}_{\alpha_1\beta_1}^{\mathrm{T}}, & \text{如果 } \beta\in\left(\frac{\pi}{2},\frac{3\pi}{2}\right)\end{cases} \tag{2.5}$$

证明　不失一般性,假设 $\beta\in\left[-\frac{\pi}{2},\frac{\pi}{2}\right]$,那么

$$\|T(\boldsymbol{x})\|=\|\boldsymbol{A}_0\cdot\boldsymbol{x}+\boldsymbol{v}_0\|=\|\rho\cdot\boldsymbol{A}_0\cdot\boldsymbol{E}_{\alpha\beta}^{\mathrm{T}}+r_0\cdot\boldsymbol{E}_{\alpha_0\beta_0}^{\mathrm{T}}\|$$
$$=\|\rho\cdot\boldsymbol{E}_{\alpha\beta}^{\mathrm{T}}+r_0\cdot\boldsymbol{A}_0^{-1}\cdot\boldsymbol{E}_{\alpha_0\beta_0}^{\mathrm{T}}\|$$

令 $\boldsymbol{x}'=r_0\cdot\boldsymbol{A}_0^{-1}\cdot\boldsymbol{E}_{\alpha_0\beta_0}^{\mathrm{T}}$ 并代入等式(2.3),于是可得

$$\lim_{\rho\to\infty}(\|T(\boldsymbol{x})\|-\|\boldsymbol{x}\|-\boldsymbol{E}_{\alpha\beta}\cdot\boldsymbol{x}')$$
$$=\lim_{\rho\to\infty}(\|T(\boldsymbol{x})\|-\|\boldsymbol{x}\|-r_0\cdot\boldsymbol{E}_{\alpha\beta}\cdot\boldsymbol{A}_0^{-1}\cdot\boldsymbol{E}_{\alpha_0\beta_0}^{\mathrm{T}})=0$$

记

$$\Phi=\frac{1}{2\pi^2}\int_0^{\pi}\int_{-\frac{\pi}{2}}^{\frac{3\pi}{2}}F(\alpha,\beta)\,\mathrm{d}\alpha\,\mathrm{d}\beta$$

定理 2.4.1　对于由式(2.1)所定义的三维 Goetz 映射,假设特征对映射 $\hat{T}$ 是唯一遍历的.

(1) 如果 $\Phi < 0$,那么该系统是全局吸引的,即存在 $R > 0$,使得对于任意的 $\boldsymbol{x} \in \mathbb{R}^3$ 且 $\|\boldsymbol{x}\| > R$,有

$$\limsup_{n \to \infty} \|T^n(\boldsymbol{x})\| < R$$

(2) 如果 $\Phi > 0$,那么该系统是全局排斥的,即存在 $R > 0$,使得对于任意的 $\boldsymbol{x} \in \mathbb{R}^3$ 且 $\|\boldsymbol{x}\| > R$,有

$$\lim_{n \to \infty} \|T^n(\boldsymbol{x})\| = \infty$$

证明　既然特征对映射 $\hat{T}$ 是遍历的,那么对于任意小的 $\epsilon > 0\left(\epsilon < \frac{|\Phi|}{4}\right)$,存在一自然数 N_0,使得

$$\left|\frac{1}{N_0}\sum_{k=0}^{N_0} F(\hat{T}^k(\alpha,\beta)) - \Phi\right| < \epsilon \tag{2.6}$$

对于任意的$(\alpha,\beta) \in [0,\pi] \times \left[-\frac{\pi}{2},\frac{3\pi}{2}\right)$一致成立. 对于任意的 $\boldsymbol{x} = \rho \cdot \boldsymbol{E}_{\alpha\beta}^{\mathrm{T}}$,考虑部分轨道 $\{\boldsymbol{x}, T\boldsymbol{x}, \cdots, T^{N_0}\boldsymbol{x}\}$,由特征对的定义可得:对于任意的 $0 \leqslant k \leqslant N_0$,有

$$\lim_{\rho \to \infty} |\operatorname{Pair}(T^k(\boldsymbol{x})) - \hat{T}^k(\alpha,\beta)| = 0 \tag{2.7}$$

那么对上述 $\epsilon > 0$ 和充分大的 $\rho > R_0 \in \mathbb{R}^+$,可得

$$|F(\hat{T}^k(\alpha,\beta)) - F(\operatorname{Pair}(T^k(\boldsymbol{x})))| \leqslant \frac{\epsilon}{2N_0} \tag{2.8}$$

对任意的 $0 \leqslant k \leqslant N_0$ 成立. 从而可得

$$\begin{aligned} &\left|\sum_{k=0}^{N_0} F(\hat{T}^k(\alpha,\beta)) - \sum_{k=0}^{N_0} F(\operatorname{Pair}(T^k(\boldsymbol{x})))\right| \\ \leqslant &\sum_{k=0}^{N_0} |F(\hat{T}^k(\alpha,\beta)) - F(\operatorname{Pair}(T^k(\boldsymbol{x})))| \\ \leqslant &\frac{\epsilon}{2} \end{aligned} \tag{2.9}$$

另一方面,根据引理 2.4.2,对于上述充分大的 $R_0 \in \mathbb{R}^+$,当 $\rho > R_0$ 时,有

$$\left| \| T^{N_0} \boldsymbol{x} \| - \| \boldsymbol{x} \| - \sum_{k=0}^{N_0} F(\mathrm{Pair}(T^k(\boldsymbol{x}))) \right| \leqslant \frac{\epsilon}{2} \tag{2.10}$$

从不等式(2.9) 和不等式(2.10) 可得：当上述 R_0 充分大时，有

$$\begin{aligned} & \left| \| T^{N_0} \boldsymbol{x} \| - \| \boldsymbol{x} \| - \sum_{k=0}^{N_0} F(\hat{T}^k(\alpha,\beta)) \right| \\ & \leqslant \| T^{N_0} \boldsymbol{x} \| - \| \boldsymbol{x} \| - \sum_{k=0}^{N_0} F(\mathrm{Pair}(T^k(\boldsymbol{x}))) \mid + \\ & \left| \sum_{k=0}^{N_0} F(\mathrm{Pair}(T^k(\boldsymbol{x}))) - \sum_{k=0}^{N_0} F(\hat{T}^k(\alpha,\beta)) \right| \end{aligned} \tag{2.11}$$

因此

$$\lim_{\rho\to\infty}\left(\frac{\| T^{N_0} \boldsymbol{x} \| - \| \boldsymbol{x} \|}{N_0} - \frac{1}{N_0} \sum_{k=0}^{N_0} F(\hat{T}^k(\alpha,\beta)) \right) = 0 \tag{2.12}$$

从而可得存在一个更大的 $R \in \mathbb{R}^+$ $(R \geqslant R_0)$，使得

$$\left| \frac{\| T^{N_0} \boldsymbol{x} \| - \| \boldsymbol{x} \|}{N_0} - \Phi - \left(\frac{1}{N_0} \sum_{k=0}^{N_0} F(\hat{T}^k(\alpha,\beta)) - \Phi \right) \right| < \epsilon \tag{2.13}$$

对于所有的 $\boldsymbol{x}$($\| \boldsymbol{x} \| > R$) 成立. 那么可得

$$\begin{aligned} \left(\frac{1}{N_0} \sum_{k=0}^{N_0} F(\hat{T}^k(\alpha,\beta)) - \Phi \right) - \epsilon & < \frac{\| T^{N_0} \boldsymbol{x} \| - \| \boldsymbol{x} \|}{N_0} - \Phi \\ & < \left(\frac{1}{N_0} \sum_{k=0}^{N_0} F(\hat{T}^k(\alpha,\beta)) - \Phi \right) + \epsilon \end{aligned} \tag{2.14}$$

根据等式(2.6) 可得

$$\Phi - 2\epsilon < \frac{\| T^{N_0} \boldsymbol{x} \| - \| \boldsymbol{x} \|}{N_0} < \Phi + 2\epsilon \tag{2.15}$$

如果 $\Phi < 0$，那么根据式(2.15) 右边不等式可得

$$\| T^{N_0} \boldsymbol{x} \| - \| \boldsymbol{x} \| < \frac{N_0 \Phi}{2} < 0$$

所以该系统是全局吸引的. 如果 $\Phi > 0$，那么根据式(2.15) 左边不等式可得

$$\| T^{N_0} \boldsymbol{x} \| - \| \boldsymbol{x} \| > \frac{N_0 \Phi}{2} > 0$$

从而该系统是全局排斥的.

对于该问题的进一步研究，首先要考虑的是上述特征对映射的唯一遍历假设是否合理，或者说满足这种遍历性假设的可能性有多大. 具体地说，能不能证明满足唯一遍历性假设的矩阵对 $(\boldsymbol{A}_0, \boldsymbol{A}_1) \in \mathbb{SO}(3) \times \mathbb{SO}(3)$ 在空间 $\mathbb{SO}(3) \times \mathbb{SO}(3)$ 中具有满测度（其中后者乘积 Lie 群的测度可以表示为 $h = \mu \times \mu$ 且 μ 为特殊正交群的 Haar 测度）. 其次，对于具体给定的矩阵 $\boldsymbol{A}_0, \boldsymbol{A}_1$ 和相应的 $\boldsymbol{v}_0, \boldsymbol{v}_1$，如何用它们的具体关系来断定系统的敛散性. 最后，值得考虑的另一问题是：如果相空间被划分成更多部分，那么相应的敛散性又如何刻画？这其实是文献[50] 中主要内容的三维推广，可以想象，这一问题的刻画显然比平面上的 PWIs 类似问题要复杂得多. 更一般性的问题是：定义在 n 维欧氏空间上具有更一般性划分的 PWIs 的敛散性又能如何刻画？

接下来，列举一个三维 Goetz 映射的例子，可以发现当参数取不同的值时，该系统有不同的敛散性.

$$T(\boldsymbol{x}) = \begin{cases} \boldsymbol{A}_0 \cdot \boldsymbol{x} + \boldsymbol{C}_0, & \text{如果 } x_1 \geqslant 0 \\ \boldsymbol{A}_1 \cdot \boldsymbol{x} + \boldsymbol{C}_1, & \text{如果 } x_1 < 0 \end{cases} \tag{2.16}$$

其中 $\boldsymbol{x} = (x_1, x_2, x_3)^{\mathrm{T}}, \boldsymbol{C}_i = (c_{i1}, c_{i2}, c_{i3})^{\mathrm{T}} \in \mathbb{R}^3, i = 0, 1$ 且

$$\boldsymbol{A}_0 = \begin{pmatrix} \cos\alpha & -\sin\alpha & 0 \\ \sin\alpha & \cos\alpha & 0 \\ 0 & 0 & 1 \end{pmatrix}, \boldsymbol{A}_1 = \begin{pmatrix} 1 & 0 & 0 \\ 0 & \cos\beta & -\sin\beta \\ 0 & \cos\beta & \sin\beta \end{pmatrix}$$

从图 2.1 可以看出，在不同的参数值的情况下，该类系统呈现不同的敛散性. 图 2.1(a) 表示：当迭代次数 $n > 650$ 时，$\| T^n(\boldsymbol{x}) \|$ 总是落在一个很小的范围内且呈周期振荡形态，从而具有全局吸引性；而从图 2.1(b) 可以看出，$\| T^n(\boldsymbol{x}) \|$ 关于 n 近似于线性增长，从而呈现全局排斥性.

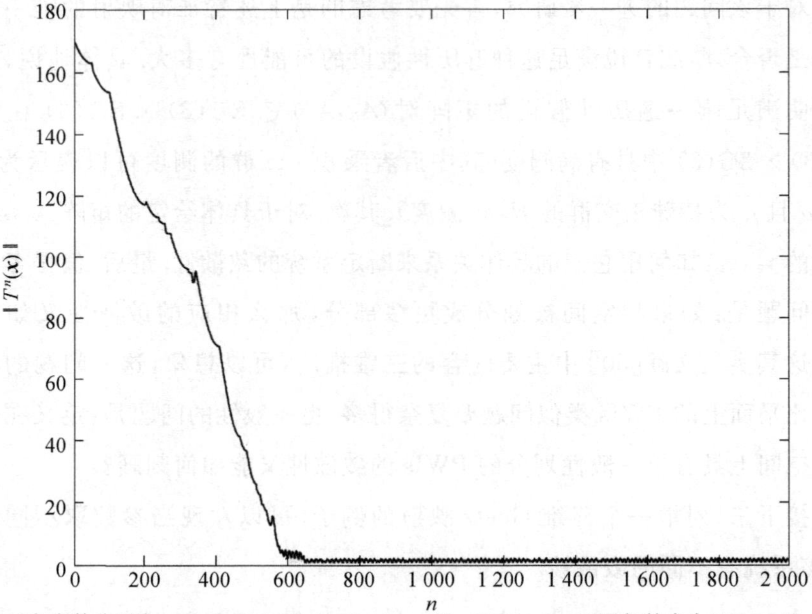

(a)各参数分别为 α=1.2，β=0.8，$\boldsymbol{C}_0=(0,\ 0,\ -1)^{\mathrm{T}}$，$\boldsymbol{C}_1=(1,\ 0,\ 0)^{\mathrm{T}}$且初始点为(100，100，100)，当迭代次数$n$>650时，‖$T^n(\boldsymbol{x})$‖落在一个很小的范围内且呈周期性变化

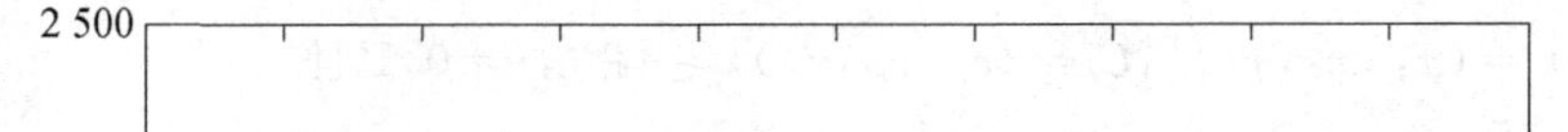

(b) α=1.2，β=0.8，$\boldsymbol{C}_0=(0,\ 0,\ -1)^{\mathrm{T}}$，$\boldsymbol{C}_1=(-1,\ 0,\ 0)^{\mathrm{T}}$且初始值亦为(100，100，100)，‖$T_n(\boldsymbol{x})$‖关于迭代次数$n$递增

图 2.1　在不同的参数值的情况下系统呈现不同的敛散性

第 3 章　PWIs 中的有理集及其性质

有理集是 PWIs 中的"大尺度"集合，对它的研究也更显得直观. 本章主要讨论高维 PWIs 中的有理集的基本结构和性质、有理点的存在性以及有理集上的动力学行为.

§3.1　有理集的结构及基本性质

假设一有限的编码 $\omega=\omega_0\cdots\omega_{n-1}$ 是可允的，既然每个映射 $T_i(i=0,1,\cdots,r-1)$ 都是等距的，那么复合映射 $T^n=T_{\omega_{n-1}}\circ\cdots\circ T_{\omega_0}$ 也是等距映射. 记 $T^n=(\boldsymbol{A},\boldsymbol{v})$，其中

$$\boldsymbol{A}=\prod_{j=0}^{n-1}\boldsymbol{A}_{\omega_j}=\boldsymbol{A}_{\omega_{n-1}}\cdots\boldsymbol{A}_{\omega_1}\boldsymbol{A}_{\omega_0}$$

并且

$$\boldsymbol{v}=\sum_{i=0}^{n-1}\Big(\prod_{j=i+1}^{n-1}\boldsymbol{A}_{\omega_j}\Big)\cdot\boldsymbol{v}_{\omega_i}$$

既然所有的 $\boldsymbol{A}_{\omega_j}$ 都是正交的，那么 $\boldsymbol{A}$ 也是一个正交矩阵. 因此在一组适当的单位正交基 $\{\boldsymbol{e}_1,\boldsymbol{e}_2,\cdots,\boldsymbol{e}_d\}$ 下，$\boldsymbol{A}$ 能表示成如下的标准正交形式，即

$$\boldsymbol{\Omega}^{-1}\boldsymbol{A}\boldsymbol{\Omega}=\begin{pmatrix}\boldsymbol{I}_{r_1} & & & & \boldsymbol{0}\\ & \boldsymbol{B}_1 & & & \\ & & \boldsymbol{B}_2 & & \\ & & & \ddots & \\ \boldsymbol{0} & & & & \boldsymbol{B}_{r_2}\end{pmatrix}\tag{3.1}$$

其中，$\boldsymbol{\Omega}$ 是基 $\{(1,0,\cdots,0),(0,1,\cdots,0),\cdots,(0,0,\cdots,1)\}$ 到基 $\{\boldsymbol{e}_1,\boldsymbol{e}_2,\cdots,\boldsymbol{e}_d\}$ 的过渡矩阵，$r_1+2r_2=d$，$\boldsymbol{I}_{r_1}$ 表示 r_1 阶的单位矩阵，并且

$$\boldsymbol{B}_j=\begin{pmatrix}\cos\theta_j & \sin\theta_j\\ -\sin\theta_j & \cos\theta_j\end{pmatrix},\quad \theta_j\in(0,2\pi)$$

所以等距映射 $T^n=(\boldsymbol{A},\boldsymbol{v}):C(\omega)\to M$ 在正交基 $\{\boldsymbol{e}_1,\boldsymbol{e}_2,\cdots,\boldsymbol{e}_d\}$ 下能表示成 $\widetilde{T}=(\boldsymbol{B},\tilde{\boldsymbol{v}})$，即

$$\widetilde{T}\boldsymbol{y}=\boldsymbol{B}\cdot\boldsymbol{y}+\tilde{\boldsymbol{v}} \tag{3.2}$$

其中，$\boldsymbol{B}=\boldsymbol{\Omega}^{-1}\boldsymbol{A}\boldsymbol{\Omega}$ 是式(3.1)中的正交矩阵；$\boldsymbol{y}=(y_1,y_2,\cdots,y_d)^{\mathrm{T}}$ 和 $\tilde{\boldsymbol{v}}=(\tilde{v}_1,\tilde{v}_2,\cdots,\tilde{v}_d)^{\mathrm{T}}$ 表示在正交基 $\{\boldsymbol{e}_1,\boldsymbol{e}_2,\cdots,\boldsymbol{e}_d\}$ 下的坐标.

如果 $r_1=0$，那么 d 维向量 $\boldsymbol{y}$ 和 $\tilde{\boldsymbol{v}}$ 可以重新写成 $r_2\left(=\dfrac{d}{2}\right)$ 维复向量形式，即

$$\begin{aligned}\boldsymbol{y}&=(z_1,z_2,\cdots,z_{r_2})^{\mathrm{T}}\\ \tilde{\boldsymbol{v}}&=(c_1,c_2,\cdots,c_{r_2})^{\mathrm{T}}\end{aligned} \tag{3.3}$$

其中 $z_j=y_{2j-1}+\mathrm{i}\cdot y_{2j}\in\mathbb{C}$ 且 $c_j=\tilde{v}_{2j-1}+\mathrm{i}\cdot\tilde{v}_{2j}\in\mathbb{C}(j=1,2,\cdots,r_2)$. 那么等距映射 $\widetilde{T}$ 也可以写成一系列旋转映射的乘积形式，即

$$\begin{cases}\widetilde{T}=\widetilde{T}_1\times\widetilde{T}_2\times\cdots\times\widetilde{T}_{r_2}\\ \widetilde{T}_j:\mathbb{C}\to\mathbb{C},\widetilde{T}_j(z_j)=\rho_jz_j+c_j,\rho_j=\mathrm{e}^{\mathrm{i}\theta_j}\,(j=1,2,\cdots,r_2)\end{cases} \tag{3.4}$$

相似地，如果 $r_1\neq0$，那么向量 $\boldsymbol{y}$ 和 $\tilde{\boldsymbol{v}}$ 可以写成

$$\begin{aligned}\boldsymbol{y}&=(y_1,\cdots,y_{r_1},z_1,z_2,\cdots,z_{r_2})^{\mathrm{T}}\\ \tilde{\boldsymbol{v}}&=(\tilde{v}_1,\cdots,\tilde{v}_{r_1},c_1,c_2,\cdots,c_{r_2})^{\mathrm{T}}\end{aligned} \tag{3.5}$$

其中 $y_j,\tilde{v}_j\in\mathbb{R}(j=1,2,\cdots,r_1)$ 且 $z_j,c_j\in\mathbb{C}(j=1,2,\cdots,r_2)$. 因此等距映射 $\widetilde{T}$ 可以写成一系列一维映射和二维映射的乘积形式，即

$$\begin{cases}\widetilde{T}=\widetilde{T}'_1\times\cdots\times\widetilde{T}'_{r_1}\times\widetilde{T}_1\cdots\times\widetilde{T}_{r_2}\\ \widetilde{T}'_k:\mathbb{R}\to\mathbb{R},\widetilde{T}'_k(y_k)=y_k+\tilde{v}_k\,(k=1,2,\cdots,r_1)\\ \widetilde{T}_j:\mathbb{C}\to\mathbb{C},\widetilde{T}_j(z_j)=\rho_jz_j+c_j,\rho_j=\mathrm{e}^{\mathrm{i}\theta_j}\,(j=1,2,\cdots,r_2)\end{cases} \tag{3.6}$$

根据如上分析，可以得到如下的结论.

定理 3.1.1 对于定义在欧氏空间 $\mathbb{R}^d$ 中的保方向的分片等距系统 $(T,M,\mathcal{M})$，假设 $C(\omega)$ 为周期编码 $\omega=\mathcal{P}(\omega_0\omega_1\cdots\omega_{p-1})$ 所对应的周期元胞，那么元胞 $C(\omega)$ 是凸的且有正的 Lebesgue 测度.

(1) 如果 $r_1=0$，那么集合 $\overline{C(\omega)}$ 是关于中心对称的；如果 $r_1\neq0$，那么集合 $\overline{C(\omega)}$ 是关于一超平面对称的.

(2) 假设 $r_1=0$，且所有的 θ_i 是有理无关的，如果存在一点

$$z=(z_1,\cdots,z_i,\cdots,z_{r_2})\in\overline{C(\omega)}$$

那么满足条件 $\|z'_i\|\leqslant\|z_i\|(1\leqslant i\leqslant r_2)$ 的任意一点 $z'=(z'_1,\cdots,z'_i,\cdots,z'_{r_2})$ 都属于 $\overline{C(\omega)}$.

证明 凸性的证明类似于文献[9]中相应的证明. 显然，元胞 $C(\omega)$ 能表示成

$$\begin{aligned}C(\omega)&=\{\boldsymbol{x}\mid\chi(\boldsymbol{x})=\omega\}\\&=\{\boldsymbol{x}\mid\boldsymbol{x}\in M_{\omega_0}\ \text{且}\ T^k(\boldsymbol{x})\in M_{\omega_k}\ \text{对于任意的}\ k\in\mathbb{N}\}\\&=M_{\omega_0}\cap T^{-1}(M_{\omega_1})\cap T^{-2}(M_{\omega_2})\cap\cdots=\bigcap_{k=0}^{\infty}T^{-k}(M_{\omega_k})\end{aligned}$$

同时，有

$$T^{-k}(M_{\omega_k})=T^{-1}_{\omega_1}\circ\cdots\circ T^{-1}_{\omega_k}(M_{\omega_k})$$

其中，M_{ω_k} 是凸的且每个等距映射 $T^{-1}_{\omega_i}(i=1,2,\cdots,k)$ 是凸映射，那么集合 $T^{-k}(M_{\omega_k})$ 是凸的，因此元胞 $C(\omega)$ 是凸的.

既然映射 $\widetilde{T}:C(\omega)\to C(\omega)$ 是等距的，并且 $\widetilde{T}(C(\omega))=C(\omega)$，那么 $C(\omega)$ 中至少存在一个在映射 $\widetilde{T}$ 下的不动点，记作 $\boldsymbol{p}^*$. 令

$$d=\frac{1}{2}\min_{0\leqslant i\leqslant p-1}\{\rho(T^i(\boldsymbol{p}^*),\partial\mathcal{M})\}$$

那么 $B(\boldsymbol{p}^*,d)\subset C(\omega)$，从而可得元胞 $C(\omega)$ 具有正的 Lebesgue 测度.

现在来证明元胞 $C(\omega)$ 的对称性. 不失一般性，假设等距映射 $\widetilde{T}:C(\omega)\to C(\omega)$ 已表示成式(3.2)的形式，并且 $\{\boldsymbol{e}_1,\boldsymbol{e}_2,\cdots,\boldsymbol{e}_{r_1}\}$ 是对应于特征值1的单位特征向量. 如果 $r_1=0$，那么 $\det(\boldsymbol{B}-\mathrm{Id})\neq0$，因此映射 $\widetilde{T}$ 有唯一的不动点 $\boldsymbol{x}^*$. 为了证明周期元胞的闭包是关于不动点 $\boldsymbol{x}^*$ 对称的中心对称体，只需证明 $\boldsymbol{y}\in\overline{C(\omega)}$ 蕴含着 $(2\boldsymbol{x}^*-\boldsymbol{y})\in\overline{C(\omega)}$. 不失一般性，令 $\boldsymbol{x}^*=\boldsymbol{0}$，那么映射 $\widetilde{T}$ 可以重新写成式(3.4)的形式，其中 $c_j=0,j=1,2,\cdots,r_2$. 如果一点 $\boldsymbol{y}=(y_1,y_2,\cdots,y_{r_2})\in\overline{C(\omega)}$，$y_j\in\mathbb{C},j=1,2,\cdots,r_2$，那么对于任意小的 $\varepsilon>0$，存在一点 $\boldsymbol{x}\in C(\omega)$，使得 $\rho(\boldsymbol{x},\boldsymbol{y})<\frac{1}{2}\varepsilon$.

根据式(3.4)，容易得到存在一自然数 n_0，使得 $\rho(T^{n_0}(\boldsymbol{x}),-\boldsymbol{x})<\frac{1}{2}\varepsilon$.

因此

$$\rho(T^{n_0}(\boldsymbol{x}), -\boldsymbol{y}) \leqslant \rho(T^{n_0}(\boldsymbol{x}), -\boldsymbol{x}) + \rho(-\boldsymbol{x}, -\boldsymbol{y})$$
$$< \frac{1}{2}\varepsilon + \frac{1}{2}\varepsilon = \varepsilon$$

从而推出点 $-\boldsymbol{y}$ 也是属于周期元胞 $C(\omega)$ 的闭包.

如果 $r_1 \neq 0$,那么等距映射 $\widetilde{T}$ 可以写成式(3.6)的形式,从而 $v_i = 0$ 对于任意的 $1 \leqslant i \leqslant r_1$ 都成立. 令 $p_j^* \in \mathbb{C}$为映射 $\widetilde{T}_j (j=1,2,\cdots,r_2)$ 的不动点,并且令

$$\mathbb{R}^d = \{(y_1, \cdots, y_{r_1}, p_1^*, \cdots, p_{r_2}^*) \mid y_i \in \mathbb{R}, 1 \leqslant i \leqslant r_1\}$$

为方程$(\boldsymbol{B} - \mathrm{Id}) \cdot \boldsymbol{y} + \tilde{\boldsymbol{v}} = \boldsymbol{0}$ 的解空间. 类似可以验证集合$\overline{C(\omega)}$ 是关于空间 $\mathbb{R}^d$ 对称的.

接下来,我们来证明结论. 如上,令 $\boldsymbol{x}^* = \boldsymbol{0}$. 我们将证明:如果 $\boldsymbol{z} = (z_1, \cdots, z_i, \cdots, z_{r_2})^{\mathrm{T}} \in \overline{C(\omega)}$,那么对于满足条件 $\|z'_i\| \leqslant \|z_i\| (1 \leqslant i \leqslant r_2)$ 的任意一点 $\boldsymbol{z} = (z'_1, \cdots, z'_i, \cdots, z'_{r_2})^{\mathrm{T}}$,都有 $\boldsymbol{z} = (z'_1, \cdots, z'_i, \cdots, z'_{r_2}) \in \overline{C(\omega)}$. 首先验证当 $\|z'_i\| = \|z_i\|$ 时,$\boldsymbol{z}' \in \overline{C(\omega)}$,即 $\boldsymbol{T}^{r_2} \subset \overline{C(\omega)}$,其中

$$\boldsymbol{T}^{r_2} = \{(\|z_1\| \mathrm{e}^{\alpha_1}, \|z_2\| \mathrm{e}^{\alpha_2}, \cdots, \|z_{r_2}\| \mathrm{e}^{\alpha_{r_2}}) \mid \alpha_i \in (0, 2\pi], i = 1, 2, \cdots, r_2\}$$

为相空间中 r_2 维胎面. 对于任意一点 $\boldsymbol{z} = (z_1, \cdots, z_i, \cdots, z_{r_2}) \in \overline{C(\omega)}$,存在一点 $\boldsymbol{z}^* = (z_1^*, \cdots, z_i^*, \cdots, z_{r_2}^*) \in C(\omega)$,使得对于任意的 $\epsilon > 0$,有

$$\|\boldsymbol{z} - \boldsymbol{z}^*\| < \frac{\epsilon}{2r_2} \tag{3.7}$$

令

$$\boldsymbol{T}_1^{r_2} = \{(\|z_1^*\| \mathrm{e}^{\alpha_1}, \|z_2^*\| \mathrm{e}^{\alpha_2}, \cdots, \|z_{r_2}^*\| \mathrm{e}^{\alpha_{r_2}}) \mid \alpha_i \in (0, 2\pi], i = 1, 2, \cdots, r_2\}$$

为相空间中另一 r_2 维胎面. 另一方面,既然所有的 $\theta_i (i = 1, 2, \cdots, r_2)$ 是有理无关的,那么点 $\boldsymbol{z}^*$ 在映射 $\widetilde{T}: C(\omega) \to C(\omega)$ 迭代下的轨道$\mathrm{orb}^+(\boldsymbol{z}^*)$ 在胎面 $\boldsymbol{T}^{r_2}$ 上是稠密的. 从而存在一自然数 n,使得

$$\|\widetilde{T}^n(\boldsymbol{z}^*) - \boldsymbol{x}\| < \frac{\epsilon}{2} \tag{3.8}$$

对任意一点 $\boldsymbol{x} = \left(\left\|\frac{z_1^*}{z'_1}\right\| z'_1, \cdots, \left\|\frac{z_i^*}{z'_i}\right\| z'_i, \cdots, \left\|\frac{z_{r_2}^*}{z'_{r_2}}\right\| z'_{r_2}\right) \in \boldsymbol{T}^{r_2}$ 都成立.

又因为

$$\begin{aligned}\left\|z'_i-\left\|\frac{z_i^*}{z'_i}\right\|\cdot z'_i\right\|&=\left\|\frac{\|z'_i\|-\|z_i^*\|}{\|z'_i\|}\cdot z'_i\right\|\\&=|(\|z_i\|-\|z_i^*\|)|\\&\leqslant\|z_i-z_i^*\|\end{aligned}\tag{3.9}$$

对于所有的 $i=1,2,\cdots,r_2$ 都成立，通过式(3.9) 和式(3.7) 可得

$$\|z'-x\|\leqslant\sum_{i=1}^{r_2}\left\|z'_i-\left\|\frac{z_i^*}{z'_i}\right\|\cdot z'_i\right\|\leqslant\sum_{i=1}^{r_2}\|z_i-z_i^*\|\leqslant\frac{\epsilon}{2}\tag{3.10}$$

从而根据式(3.8) 和式(3.10) 可得

$$\|\widetilde{T}^n(z^*)-z'\|\leqslant\|\widetilde{T}^n(z^*)-x\|+\|z'-x\|<\frac{\epsilon}{2}+\frac{\epsilon}{2}=\epsilon$$

即 $z'\in\overline{C(\omega)}$. 最后根据周期元胞 $\overline{C(\omega)}$ 的凸性，可得对于任意满足条件 $\|z'_i\|\leqslant\|z_i\|(1\leqslant i\leqslant r_2)$ 的点 $z'=(z'_1,\cdots,z'_i,\cdots,z'_{r_2})^{\mathrm{T}}$，都有 $z'=(z'_1,\cdots,z'_i,\cdots,z'_{r_2})^{\mathrm{T}}\in\overline{C(\omega)}$.

值得注意的是，以上定理事实上是文献[6,9,12] 中相应结果的一种高维推广，在二维复平面中，周期元胞要么是一圆盘，要么是一对称的多边形区域. 然而高维情况要复杂得多，显然在三维空间中，周期元胞不可能是一球体，而可能是对称锥体、台体或者柱体. 众所周知，对于复平面上的分片无理旋转映射而言，任意一个非周期点的轨道都会稠密分布在某一圆周上. 相似地，根据以上定理的证明可得如下相似结果.

命题 3.1.1　$(T,M,\mathcal{M})$ 为分片等距系统，如果周期序列 $\omega=\mathcal{P}(\omega_0\cdots\omega_{p-1})$ 为一可允编码并且映射 $T^p:C(\omega)\to C(\omega)$ 具有式(3.2) 的形式. 再假设所有的 $\theta_i(i=1,2,\cdots,r_2)$ 有理无关，那么对于几乎所有的 $x\in C(\omega)$，轨道 $\mathrm{orb}^+(x)$ 稠密分布在空间 $\mathbb{R}^d$ 中的某一胎面上.

§3.2　平面 PWIs 中有理点的存在性

本节的主要内容是证明平面 PWIs 中有理集的非空性，并给出一个充要条件和一个充分条件.

引理 3.2.1 （文献[77]）对于任意的平面 PWI，有$\overline{\mathcal{E}_+}=\overline{\mathcal{E}_-}=\overline{\mathcal{E}}$.

定理 3.2.1 对于可逆的分片等距系统$(f,M,\mathcal{M})$，如果相空间具有有限的 Lebesgue 测度，那么存在有理点当且仅当奇异集 $\mathcal{E}$ 在相空间中不稠密.

证明 由假设可得，存在一具有正测度的圆域B，且其轨道$\{f^n(B)\}$不会与奇异集 $\mathcal{E}$ 相交（当然，根据上述引理，只需考虑 $\mathcal{E}_-$）. 任意选取一点 $z\in B$ 和正实数 $r_0>0$，使得轨道$\mathrm{orb}^+(z)$与边界 $\partial\mathcal{M}$ 的距离不小于 r_0，并记$B\left(z,\dfrac{r_0}{2}\right)$是以 z 为中心、半径为$\dfrac{r_0}{2}$的闭圆域，可以得到闭圆域$B\left(z,\dfrac{r_0}{2}\right)$的轨道$\mathrm{orb}^+\left(B\left(z,\dfrac{r_0}{2}\right)\right)$不会与边界 $\partial\mathcal{M}$ 相交. 既然 f 是定义在有限测度空间上的保测度映射，根据 Pioncaré 逆归定理可得，一定存在有限编码 $\alpha=\alpha_1\alpha_2\cdots\alpha_{n_1}$ 使得$f^{n_1}(z)\in B\left(z,\dfrac{r_0}{2}\right)$，其中 $f^{n_1}=f_\alpha=f_{\alpha_{n_1}}\circ f_{\alpha_{n_1-1}}\circ\cdots\circ f_{\alpha_2}\circ f_{\alpha_1}$. 假设 $f^{n_1}(z)\neq z$（否则该定理证明完成），显然 $B\left(z,\dfrac{r_0}{2}\right)$与$B\left(f_\alpha(z),\dfrac{r_0}{2}\right)$的并集是单连通的. 现在可以考虑 $B\left(z,\dfrac{r_0}{2}\right)\cup B\left(f_\alpha(z),\dfrac{r_0}{2}\right)$. 由映射 f_α 下的轨道，可以得到

$$f\left(B\left(z,\frac{r_0}{2}\right)\cup B\left(f_\alpha(z),\frac{r_0}{2}\right)\right)\subset M_{\alpha_2}$$

$$f^2\left(B\left(z,\frac{r_0}{2}\right)\cup B\left(f_\alpha(z),\frac{r_0}{2}\right)\right)\subset M_{\alpha_3}$$

$$\vdots$$

$$f^j\left(B\left(z,\frac{r_0}{2}\right)\cup B\left(f_\alpha(z),\frac{r_0}{2}\right)\right)\subset M_{\alpha_{j+1}}$$

$$1\leqslant j\leqslant n_1-1$$

其中

$$f_\alpha\left(B\left(z,\frac{r_0}{2}\right)\cup B\left(f_\alpha(z),\frac{r_0}{2}\right)\right)=\bigcup_{i=1}^{2}B\left(f_\alpha^i(z),\frac{r_0}{2}\right)\subset M_{\alpha_1}$$

且 $f_\alpha^2(z)\neq f_\alpha^1(z)\neq z$（否则定理证明完成）.

一般地

$$f_{\alpha^k}\left(B\left(z,\frac{r_0}{2}\right)\cup B\left(f(z),\frac{r_0}{2}\right)\right)=f_\alpha^k\left(B\left(z,\frac{r_0}{2}\right)\cup B\left(f(z),\frac{r_0}{2}\right)\right)$$

$$=\bigcup_{i=k}^{k+1}B\left(f^{n_i}(z),\frac{r_0}{2}\right)\subset M_{\alpha_1}$$

且

$$f\circ f_{\alpha^{k-1}}\left(B\left(z,\frac{r_0}{2}\right)\cup B\left(f(z),\frac{r_0}{2}\right)\right)\subset M_{\alpha_2}$$

$$f^2\circ f_{\alpha^{k-1}}\left(B\left(z,\frac{r_0}{2}\right)\cup B\left(f(z),\frac{r_0}{2}\right)\right)\subset M_{\alpha_3}$$

$$\vdots$$

$$f^j\circ f_{\alpha^{k-1}}\left(B\left(z,\frac{r_0}{2}\right)\cup B\left(f(z),\frac{r_0}{2}\right)\right)\subset M_{\alpha_{j+1}},1\leqslant j\leqslant n_1-1$$

如此下去，记极限集为

$$D=\bigcup_{k=0}^{\infty}f_\alpha^k\left(B\left(z,\frac{r_0}{2}\right)\cup B\left(f(z),\frac{r_0}{2}\right)\right)=\bigcup_{k=0}^{\infty}B\left(f_\alpha^k(z),\frac{r_0}{2}\right)\subset M_{\alpha_1}$$

很容易证明极限集 D 在可允映射 f_α 下是不变的.

定理 3.2.2　对于分片等距系统$(f,M,\mathcal{M})$而言，如果 $\mathcal{E}_-=\mathcal{E}_+$，那么有理集非空.

证明　下面将分两步完成该定理的证明.

第一步：假设存在一条不连续线段 $S\subset M_i\cap M_j$，在一相应本性迭代下永远不会被割断. 不失一般性，我们可以进一步假设 S 是满足这一条件的最长线段，即对于任意更长的线段 $S'\supset S$，在其本性迭代下，都将会被某一不连续线段分割成更多的小部分. 既然 $\mathcal{E}_-=\mathcal{E}_+$，可以断言不连续线段 S 在它的本性迭代下将会无穷次回到不连续线段上. 否则，存在一个正整数 k 和一个有限编码 $\alpha_1\alpha_2\cdots\alpha_{k-1}$ 使得

$$f_{\alpha_{k-1}}\circ f_{\alpha_{k-2}}\circ\cdots\circ f_{\alpha_1}(S)\subset\partial M_{\alpha_k}$$

并且对于任意的 $k'>k$，除它们的端点之外，有 $f^{k'-1}(S)\subset M_{\alpha_{k'}}$. 因此对于任意的 $k'>k$，有

$$f^{k'-1}(S)\not\subset\mathcal{E}_-$$

但

$$f^{k'-1}(S) \subset \mathcal{E}_+$$

这就导致

$$\mathcal{E}_- \neq \mathcal{E}_+$$

产生矛盾，因此断言是正确的. 又因为线段 S 是最长的，那么对于任意的正整数 n 和 n'，可得：要么

$$\mu_1(f^n(S) \cap f^{n'}(S)) = 0$$

要么

$$\mu_1(f^n(S) \cap f^{n'}(S)) = \mu_1(S)$$

其中 $\mu_1(\cdot)$ 表示长度（一维的 Lebesgue 测度）. 事实上，相空间是闭集且具有分段连续边界，从而不连续集具有有限的一维测度. 因此，$\{f^n(S)\}$ 中只有有限多条线段在不连续集上，所以可得一定存在正整数 n_0，n'_0（$n'_0 > n_0$）和一个可允编码 $\alpha_1 \cdots \alpha_{n_0} \alpha_{n_0+1} \cdots \alpha_{n'_0-1}$ 使得

$$\begin{aligned} f_{\alpha_{n'_0-1}} \circ f_{\alpha_{n'_0-2}} \circ \cdots \circ f_{\alpha_1}(S) &= f_{\alpha_{n'_0-1}} \circ \cdots \circ f_{\alpha_{n_0}}(f_{\alpha_{n_0-1}} \circ \cdots \circ f_{\alpha_1}(S)) \\ &= f_{\alpha_{n_0-1}} \circ f_{\alpha_{n_0-2}} \circ \cdots \circ f_{\alpha_1}(S) \end{aligned} \tag{3.11}$$

既然线段 $(f_{\alpha_{n_0-1}} \circ \cdots \circ f_{\alpha_1}(S))$ 在映射 $f_{\alpha_{n'_0-1}} \circ f_{\alpha_{n'_0-2}} \circ \cdots \circ f_{\alpha_{n_0}}$ 下是不变的，那么该系统有一个有理编码（周期编码）$\mathcal{P}(\alpha_{n_0} \alpha_{n_0+1} \cdots \alpha_{n'_0-1})$，其中 $\mathcal{P}(\cdot)$ 表示周期连接运算.

第二步：现在证明第一步的假设是合理的，即确实存在一条线段 S 在映射 f 下不会被截成无限多个小部分. 选定一条不连续线段 $S' = M_i \cap M_j$，既然 $\mathcal{E}_- = \mathcal{E}_+$，那么线段 $S' = M_i \cap M_j$ 上的所有点在映射迭代下都会无穷多次地回到不连续集. 如果不存在 $S \subset S'$ 整个地回到不连续集上，那么不连续线段 S' 将会被截成无穷多个小部分. 从而在线段 S' 上仅存在可数多个点会无穷次地回到不连续集上，即存在 S' 的一个满测度子集，使得其上的点不能无穷次地回到不连续集上，即 $\mathcal{E}_- \neq \mathcal{E}_+$，矛盾，从而完成证明.

推论 3.2.1 对于一分片等距映射，如果 $\mathcal{E}_- = \mathcal{E}_+$，那么奇异集 $\mathcal{E}$ 在相空间中不稠密.

证明　既然 $\mathcal{E}_-=\mathcal{E}_+$，根据定理 3.2.2，可得该分片等距映射存在有理编码. 从而一定存在一个具有正测度的周期元胞与该周期编码对应，从而奇异集 $\mathcal{E}$ 在相空间中一定不稠密.

推论 3.2.2　对于一分片等距系统而言，如果存在一不连续线段在映射迭代下能无穷多次地回到相空间的边界上，那么该系统存在周期编码.

在定理 3.2.2 中，我们揭示了 $\mathcal{E}_-=\mathcal{E}_+$ 仅仅是周期编码存在性的充分条件而非必要条件. 事实上，任意的分片无理旋转系统都可以成为它的一个反例. 显然定理 3.2.2 中的条件较强，我们猜想一分片等距系统是周期的当且仅当 $\mathcal{E}_-=\mathcal{E}_+$. 值得注意的是，分片等距映射在边界上的动力学性质决定了它在整个相空间上的动力学性质.

§3.3　平面 PWR 的有理集

本节主要是对平面上的分片旋转映射的有理集进行讨论.

命题 3.3.1　$(f,M,\mathcal{M})$ 为分片旋转系统，其中 $f=\{f_1,f_2,\cdots,f_k\}$，$M=\{M_1,M_2,\cdots,M_k\}$ 且 $f_j(z)=Iz+v_j$，$j=1,2,\cdots,k$. 如果：

(1) $I=\mathrm{e}^{\mathrm{i}\theta}$，$\theta=\dfrac{\pi}{2},\dfrac{2\pi}{3}$ 或者 π，也即 $\theta=\dfrac{2\pi}{p}$，$p=2,3,4$.

(2) $v_j=r_j\mathrm{e}^{\mathrm{i}\beta}$，$r_j\in\mathbb{R}$，$j=1,2,\cdots,k$，并且所有的 $r_j(j=1,2,\cdots,k)$ 是有理相关的，即 $r_j=a\cdot m_j$，$a\in\mathbb{R}$，$m_j\in\mathbb{Z}$.

那么对于任意的 $z\in M\backslash\mathcal{E}_-$，其编码 $\chi(z)$ 为有理的.

证明　假设任意一点 $z\in M\backslash\mathcal{E}_-$，其对应的可允编码为 $\alpha=\alpha_1\alpha_2\cdots$，那么 z 在映射 f 下的第 n 次迭代可以表示为

$$f^n(z)=zI^n+\Sigma_n$$

其中

$$\Sigma_n=I^{n-1}v_{\alpha_1}+I^{n-2}v_{\alpha_2}+\cdots+v_{\alpha_n}$$

既然相空间 M 是紧致的，那么 $\mathrm{orb}(z)$ 存在一个聚点 z^*. 换句话说，存在一个自然数序列 $\{n_j\}$，使得

$$\lim_{j\to\infty} f^{n_j}(z_0)=\lim_{j\to\infty}(z_0 I^{n_j}+\Sigma_{n_j})=z^*$$

因为 θ 是有理的，所以 $\{I^{n_j}\}$ 仅由有限个元素所组成，从而导致 $\{\Sigma_{n_j}\}$ 仅有有限个聚点.不失一般性，令 $I^{n_j}=1$，那么

$$z^*=z_0+\lim_{j\to\infty}\Sigma_{n_j}$$

即

$$\lim_{j\to\infty}(\Sigma_{n_{j+1}}-\Sigma_{n_j})=\lim_{j\to\infty}(I^{-1}v_{a_{n_j+1}}+I^{-2}v_{a_{n_j+2}}+\cdots+I^{n_j-n_{j+1}}v_{a_{n_{j+1}}})=0 \tag{3.12}$$

既然 $v_j=r_j e^{i\beta}, r_j\in\mathbb{R}, j=1,2,\cdots,k$ 且 $r_j=a\cdot m_j, a\in\mathbb{R}, m_j\in\mathbb{Z}$，式(3.12)可重新写成

$$\lim_{j\to\infty}(\Sigma_{n_{j+1}}-\Sigma_{n_j})=\lim_{j\to\infty} v^*\left[m_1(p)I+m_2(p)I^2+\cdots+m_p(p)I^p\right]=0 \tag{3.13}$$

其中 $v^*=ae^{i\beta}, m_k(p)\in\mathbb{Z}, k=1,2,\cdots,p$.事实上，当 $p=2,3,4$ 时，要么

$$\|m_1(p)I+m_2(p)I^2+\cdots+m_p(p)I^p\|=0$$

要么

$$\|m_1(p)I+m_2(p)I^2+\cdots+m_p(p)I^p\|\geqslant 1$$

所以极限式(3.12)成立，当且仅当存在 $J\in\mathbb{N}$，使得对于任意的 $j\geqslant J$，有

$$\Sigma_{n_{j+1}}-\Sigma_{n_j}\equiv 0$$

因此 $f^{n_{J+1}}(z)=f^{n_J}(z)$，从而 z 是终于周期的，矛盾.

推论 3.3.1　$(f,M,\mathcal{M})$ 为可逆的分片旋转映射，如果各限制映射有相同旋转参数 θ 且满足以上命题中的两个条件，那么任意一点 $z\in M\backslash\mathcal{E}$ 都具有周期编码.

如果 $(f,M,\mathcal{M})$ 为分片旋转系统，那么任意次的复合映射 f^n 依然是一个分片旋转系统，不过相空间 M 具有更多的划分元.换句话说，存在 $\mathcal{M}$ 的一个划分加细 $\mathcal{M}'=\{M'_1,M'_2,\cdots,M'_{k'}\}$（记作 $\mathcal{M}'\prec\mathcal{M}$），使得当 $z\in M'_j, 1\leqslant j\leqslant k'$ 时，$f^n(z)=f^n|_{M'_j}(z)=I^n z+c'_j$.同时称分片旋转系统 $(f^n,M,\mathcal{M}')$ 为 f 的 n 次复合所诱导出的加细系统.

命题 3.3.2　$(f,M,\mathcal{M})$ 为分片旋转系统，且各划分元上的限制映射具有相同的旋转参数 $\theta=\frac{\pi}{p}$，$(f^n,M,\mathcal{M}')$ 为 f 的 n 次复合所诱导出的分片旋转系

统,如果

$$c'_j = r_j e^{i\beta}, r_j \in \mathbb{R}, j = 1,2,\cdots,k'$$

并且所有的 r_j 是有理相关的,那么任意的 $z \in M \backslash \mathcal{E}_-$ 都具有有理编码.

证明 考虑 f 的 p 次复合映射 f^p,并且新的划分 $\mathcal{M}'$ 包含 $k'(\geqslant k)$ 个划分元.记它们的编码分别为 $\omega_i = \alpha_{i1}\alpha_{i2}\cdots\alpha_{ip}$,且 $\alpha_{ij} \in \{1,2,\cdots,k\}$,$1 \leqslant i \leqslant k'$,$1 \leqslant j \leqslant p$.令 $\omega = \omega'_1\omega'_2\cdots\omega'_n\cdots$ 为映射 f^p 下的一可允编码,其中 $\omega'_n \in \{\omega_1,\omega_2,\cdots,\omega_{k'}\}$,根据命题3.3.1可得 ω 为周期的.

假设 $\alpha = \alpha_1\alpha_2\cdots\alpha_n\cdots$ 是映射 f 下的一可允编码,如果对于长度为 p 的任意子字 $\alpha_{k(p-1)+1}\alpha_{k(p-1)+2}\cdots\alpha_{kp}$,存在 ω_i,$1 \leqslant i \leqslant k'$,使得 $\omega_i = \alpha_{k(p-1)+1}\alpha_{k(p-1)+2}\cdots\alpha_{kp}$,即

$$\alpha = \omega'_1\omega'_2\cdots\omega'_n\cdots, \omega'_n \in \{\omega_1,\omega_2,\cdots,\omega_{k'}\}$$

那么根据命题3.3.1的证明可以得到编码 α 为有理的.

事实上,如果存在一点 $z' \in M$,其编码 $\alpha = \alpha_1\alpha_2\cdots\alpha_n\cdots$ 是无理的,那么存在一个自然数 k_0 和一个长度为 p 的子字 $\alpha_{k_0(p-1)+1}\alpha_{k_0(p-1)+2}\cdots\alpha_{k_0 p}$,使得

$$\alpha_{k(p-1)+1}\alpha_{k(p-1)+2}\cdots\alpha_{kp} \in \{\omega_1,\omega_2,\cdots,\omega_{k'}\}, 1 \leqslant k < k_0$$

并且

$$\alpha_{k_0(p-1)+1}\alpha_{k_0(p-1)+2}\cdots\alpha_{k_0 p} \notin \{\omega_1,\omega_2,\cdots,\omega_{k'}\}$$

令 $z_0 = f^{(k_0-1)p}(z') \in \overline{M'_i}$,$1 \leqslant i \leqslant k'$,那么存在一个有限编码 $\omega_i \in \{\omega_1,\omega_2,\cdots,\omega_{k'}\}$,使得

$$f^p(z_0) = f_{\omega_i}(z_0) = f_{\alpha_{ip}} \circ \cdots \circ f_{\alpha_{i2}} \circ f_{\alpha_{i1}}(z_0)$$

即子字 $\alpha_{k_0(p-1)+1}\alpha_{k_0(p-1)+2}\cdots\alpha_{k_0 p} \in \{\omega_1,\omega_2,\cdots,\omega_{k'}\}$,矛盾,证明完毕.

推论3.3.2 $(f,M,\mathcal{M})$ 为分片旋转系统,且各划分元上的限制映射具有相同的旋转参数 $\theta = \dfrac{\pi}{p}$,令 $(f^p,M,\mathcal{M}')$ 为 p 次复合所诱导出的分片旋转映射,其划分元个数为 k'.如果满足条件:

(1) 存在 $\{M'_1\cdots M'_k\}$ 中 $j(\leqslant k')$ 个划分元 $P_k(1 \leqslant k \leqslant j)$ 使得 $c'_k = r_k e^{i\beta}$,并且所有的 r_k 有理相关.

(2) 记 $\gamma_k = \alpha_{k1}\alpha_{k2}\cdots\alpha_{kp}$ 为划分元 $P_k(1 \leqslant k \leqslant j)$ 所对应的有限编码,如果

$\alpha=\alpha_1\alpha_2\cdots$ 为点 z 所对应的编码，并且对于任意的自然数 n，存在划分元 P_k，使得 $f^{(n-1)p}(z)\in P_k$. 则编码 α 是有理的，并且 $\alpha=\gamma'_1\gamma'_2\cdots$，其中 $\gamma'_n\in\{\gamma_1,\gamma_2,\cdots,\gamma_k\}$.

注记 3.3.1　以上命题中，我们仅仅考虑各划分元上具有相同的旋转参数 $\theta=\frac{\pi}{p}$. 事实上，我们可以类似考虑更一般的有理旋转情形，即 $\theta=\frac{q\pi}{p}$. 甚至，有时候系统 $\{f,\mathcal{M}\}$ 的 p 次复合映射不满足推论 3.3.2(或命题 3.3.2) 的条件，可以考虑原系统更多次的复合映射.

注记 3.3.2　事实上，命题 3.3.2 的条件过于苛刻，我们认为满足以上条件的分片旋转系统可能是周期的(没能给出充分的证明)，即存在一个自然数 n，使得对于任意一点 $z\in\pi(\mathcal{M})$ 都有 $f^n(z)=z$.

例 3.3.1[65,55,24]　考虑 Sigma－Delta 调幅器中的分片旋转映射 $f_\theta(z)$: $M_\theta\to M_\theta$ 如下

$$f_\theta(z)=\exp(-\mathrm{i}\theta)z+W\delta(z)\tag{3.14}$$

其中 $M_\theta=A\cup B\cup C\cup D, W=-\frac{\omega}{\sin\theta}, \omega=\exp(-\mathrm{i}\theta)$，并且

$$\delta(z)=\begin{cases}1-2\cos\theta, & \text{如果 } z\in A\\ -1-2\cos\theta, & \text{如果 } z\in B\\ -1+2\cos\theta, & \text{如果 } z\in C\\ 1+2\cos\theta, & \text{如果 } z\in D\end{cases}$$

当旋转参数 $\theta=\frac{\pi}{2}$ 时，可以发现划分元 A 和 C 在映射 f 下不变，而划分元 C 和 D 为 2－周期的，即 $f(B)=D, f(D)=B$(图 3.1).

例 3.3.2[47]　溢流振子中的分片旋转映射 $T_\theta: M_\theta\to M_\theta$，即

$$T_\theta(z)=\exp(\mathrm{i}\theta)z+W\delta(z)\tag{3.15}$$

其中 $M_\theta=\{z\in\mathbb{C}\mid |\operatorname{Re}(z)|\leqslant 1, |\operatorname{Re}(ze^{\mathrm{i}\theta})|\leqslant 1\}=M^+\cup M^-\cup M^0, W=-\frac{2\mathrm{i}}{\sin\theta}$ 且

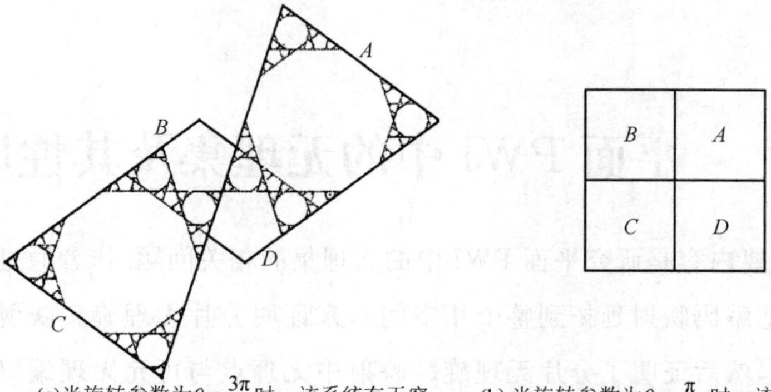

(a)当旋转参数为$\theta=\frac{3\pi}{5}$时，该系统有无穷多个不变周期多边形区域(元胞)

(b) 当旋转参数为$\theta=\frac{\pi}{5}$时，该系统只有4个不同的周期多边形区域(元胞)，即$M=A\cup B\cup C\cup D$，并且A，B在映射$f_{\frac{\pi}{5}}$下是不变的，C，D是2–周期的

图 3.1　Sigma－Delta 调幅器中的分片旋转系统

$$\delta(z)=\begin{cases}-1, & \text{如果 } z\in M^{-}=\{z\in M_\theta \mid \mathrm{Re}(ze^{2\theta \mathrm{i}})>1\}\\ 0, & \text{如果 } z\in M^{0}=M_\theta\setminus(M^{+}\cup M^{-})\\ 1, & \text{如果 } z\in M^{+}=\{z\in M_\theta \mid \mathrm{Re}(ze^{2\theta \mathrm{i}})\leqslant -1\}\end{cases}$$

当旋转参数 $\theta=\frac{2\pi}{3}$ 时，只需要简单的计算便可发现 3 个划分元 M^{-}，M^{0}，M^{+} 在映射 $T_{\frac{2\pi}{3}}$ 下是不变的(图 3.2)。

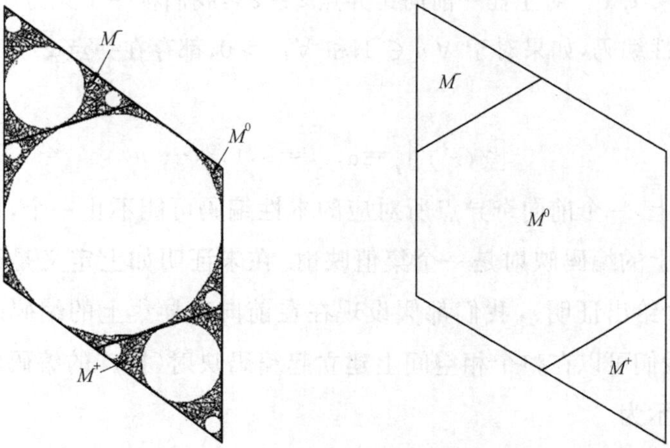

(a)当旋转参数$\theta=2.2$时，系统有无穷多个不变周期圆盘(元胞)

(b)当旋转参数$\theta=\frac{2\pi}{3}$时，3个划分元M^{-}，M^{0}，M^{+}在映射$T_{\frac{2\pi}{3}}$下都是不变的

图 3.2　溢流振子中的分片旋转系统

第4章 平面 PWI 中的无理集及其性质

本章的主要内容是研究平面 PWI 中的无理集的相关问题. 作者通过编码映射的拓广(把编码映射延拓到整个相空间),来证明分片无理旋转映射的无理集的非空性,然后证明了分片无理旋转映射中无理点与可允无理编码的一一对应关系.

§4.1 编码映射的延拓

在前面我们已经介绍了编码映射(定义 2.2.1),并可知对于任意的 $z \in M \backslash \mathcal{E}_-$,都存在唯一的无穷编码与之对应. 然而,对于前向奇异集 $\mathcal{E}_-$ 上的任意一点 z,由于总会存在一个自然数 k_0 使得 $T^{k_0}(z) \in D$,从而按照通常意义下的编码映射无法找到唯一的可允序列与之对应. 为了能够更方便地研究相关问题,我们有必要把通常意义下的编码映射进行延拓.

定义 4.1.1 对于任一前向奇异点 $z \in \mathcal{E}_-$,我们称一个无穷序列 α 为奇异点 z 的本性编码,如果对于 $\forall n \in \mathbb{N}$ 和 $\forall \epsilon > 0$,都存在一点 $z' \in B(z,\epsilon) \backslash \mathcal{E}_-(n)$,使得

$$[\chi(z')]_j = \alpha_j, j = 0,1,2,\cdots,n$$

事实上,一个前向奇异点所对应的本性编码可能不止一个,即限制在前向奇异集上的编码映射是一个集值映射. 在未证明如上定义是否合理之前(后面将会给出证明),我们都假设现在在前向奇异集上的编码映射是合理的. 于是我们可以在整个相空间上建立起编码映射(拓广的编码映射),其形式可以表示为

$$\bar{\chi}: M \to \mathcal{A}^{\mathbb{N}}$$

$$\bar{\chi}(z) = \begin{cases} \chi(z), & \text{如果 } z \notin \mathcal{E}_- \\ \{z \text{ 的所有本性编码}\}, & \text{如果 } z \in \mathcal{E}_- \end{cases}$$

如果 $z \in \mathcal{E}_-$ 且 $\alpha = \alpha_0\alpha_1\cdots$ 为相应的一个本性编码，那么称迭代 $f^n(z) = f_{\alpha_{n-1}} \circ \cdots \circ f_{\alpha_1} \circ f_{\alpha_0}(z)$ 为一可允迭代.

命题 4.1.1　对于任意一点 $z \in \mathcal{E}_-$，一定存在一个本性编码.

证明　不妨设 $z \in \overline{M}_i \cap \overline{M}_j$，我们可以按如下方式构造一个本性编码.

选定 $\epsilon_0 > 0$，使得 $B(z,\epsilon_0) = (B(z,\epsilon_0) \cap \overline{M}_i) \cup (B(z,\epsilon_0) \cap \overline{M}_j)$，并令 $\alpha_0 = i$. 如果 $f_{\alpha_0}(z) \in M\backslash\partial\mathcal{M}$，那么存在唯一的 α_1. 一般地，如果存在一个自然数 n_1，使得

$$f^{k-1} \circ f_{\alpha_0}(z) \in M\backslash\partial\mathcal{M}, 1 < k < n_1$$

且

$$f^{n_1-1} \circ f_{\alpha_0}(z) \in \overline{M}_{\alpha_{(n-1)i}} \cap \overline{M}_{\alpha_{(n-1)j}} \subset \partial\mathcal{M}$$

那么一定存在唯一的 $\alpha_k (1 \leqslant k \leqslant n_1 - 1)$. 为了确定 α_{n_1} 的存在性，我们只需要考虑如下两种情形.

(1) 重叠情形. 假设存在一条线段 $B(z_0,\epsilon_1) \cap (\overline{M}_i \cap \overline{M}_j)(\epsilon_1 < \epsilon_0)$ 使得

$$f^{n_1}(B(z_0,\epsilon_1) \cap (\overline{M}_i \cap \overline{M}_j)) = f_{\alpha_{n_1-1}} \circ f_{\alpha_{n_1-2}} \circ \cdots \circ f_{\alpha_0}(B(z_0,\epsilon_1) \cap (\overline{M}_i \cap \overline{M}_j))$$
$$\subset \overline{M}_{\alpha_{(n-1)i}} \cap \overline{M}_{\alpha_{(n-1)j}}$$

那么一定存在唯一的 α_{n_1}，且不失一般性，记作 $\alpha_{(n-1)i}$.

(2) 横截情形. 假设存在一线段 $B(z_0,\epsilon_1) \cap (\overline{M}_i \cap \overline{M}_j)(\epsilon_1 < \epsilon_0)$，使得 $f^{n_1}(B(z_0,\epsilon_1) \cap (\overline{M}_i \cap \overline{M}_j)) \cap (\overline{M}_{\alpha_{(n-1)i}} \cap \overline{M}_{\alpha_{(n-1)j}}) = f^{n_1}(z)$，那么 α_{n_1} 存在且 α_{n_1} 要么为 $\alpha_{(n-1)i}$，要么为 $\alpha_{(n-1)j}$. 选定 $\alpha_{n_1} = \alpha_{(n-1)i}$.

既然对于每个自然数 $n \in \mathbb{N}$ 而言，$\mathcal{D}(n)$ 的测度为零，从而保证上面的过程可以无限次地进行. 因此任意的前向奇异点 z 都存在本性编码.

下面给出本性编码的等价命题.

命题 4.1.2　无穷序列 α 为某一前向奇异点 z 的一个本性编码，当且仅当对于任意的正数 $\epsilon > 0$，存在一点 $z' \in B(z,\epsilon) \cap \pi(\mathcal{M})\backslash\mathcal{E}_-$，使得

$$\rho(\alpha, \chi(z')) < \epsilon$$

其中，$\rho(\alpha,\beta)$ 表示无穷序列 α 和 β 的距离.

注记 4.1.1　值得注意的是，即便某一前向奇异点 z 能够无穷次地回到

不连续集 D 上，其本性编码的个数也可能是有限的. 考虑如下的例子 $f:[0,1]^2 \to [0,1]^2$，其中

$$f(x,y)=\begin{cases}\left(x+\frac{1}{3},y\right), & \text{如果 } x\in\left[0,\frac{2}{3}\right]\\ \left(x-\frac{2}{3},y\right), & \text{如果 } x\in\left[\frac{2}{3},1\right]\end{cases}$$

显然，不连续集 $\left\{(x,y)\,\middle|\, x=\frac{2}{3}, y\in[0,1]\right\}$ 的所有点是前向奇异的且将会无穷次回到该线段上. 记左边的符号为 0 且右边的符号为 1，那么不连续集上所有点的本性编码只可能为 010010… 和 100100….

根据命题 4.1.1 的证明可得下面的推论.

推论 4.1.1 对任意的前向奇异点 z，如果存在一个自然数 n_0，使得点 z 在映射 f^{n_0} 迭代下的轨道 $\{f^{kn_0}(z)\}_{k=0}^{\infty}$ 与 $\mathcal{E}_-$ 的交为空，那么 z 只可能存在有限多个本性编码.

推论 4.1.2 对任意的前向奇异点 z，如果存在一线段 $B(z,\epsilon)\cap(\overline{M}_i\cap\overline{M}_j)$ 在映射迭代下永不被截断，那么点 z 的本性编码的个数是有限的.

为方便起见，本书后面把 $\bar{\chi}$ 换成 χ. 如果 z 是非前向奇异点，那么 $\chi(z)$ 就是通常意义下的唯一编码；如果 z 是前向奇异点，那么 $\chi(z)$ 就表示 z 的所有本性编码. 相似地，我们可以定义一个逆向编码 $\chi^-: M\to\mathcal{A}^{\mathbb{N}}$，即

$$\chi^-(z)=\alpha=\alpha_0\alpha_1\cdots\in\mathcal{A}^{\mathbb{N}}$$

其中

$$\alpha_i=k, \text{如果 } f^{-i}(z)\in M_k$$

所以我们便可以利用编码映射来刻画奇异集和例外集

$$\begin{cases}\mathcal{E}_-=\bigcup\limits_{n=0}^{\infty}f^{-n}(D)=\{z \mid \#\{\chi(z)\}>1\}\\ \mathcal{E}_+=\bigcup\limits_{n=1}^{\infty}f^{n}(D')=\{z \mid \#\{\chi^-(z)\}>1\}\end{cases} \tag{4.1}$$

且

$\mathcal{F}=\{z \mid z$ 的任意邻域中都存在一点 z'，使得 $\#\{\chi(z')\}>1$ 或

者 $\#\{\chi^{-}(z')\}>1\}$.

§4.2　无理集的非空性

本节中,作者主要是证明平面可逆 PWI 中无理集的非空性,即一定存在相空间中一点 z 使得其编码 $\chi(z)$ 为无理的.

定理 4.2.1　$(f,M,\mathcal{M})$ 为可逆的分片无理旋转系统,如果各划分元上限制映射的旋转参数都是无理的,那么该系统一定存在一可允的无理编码,即 $\mathcal{J}\neq\varnothing$.

证明　如果该系统不存在周期编码,那么 M 中的任意一点都具有无理编码,显然 $\mathcal{J}$ 是非空的. 假设 β' 为一可允的周期编码,那么其对应的周期元胞 $C(\beta')$ 为一圆盘. 如果 $C(\beta')$ 不与其他任意一个周期元胞相切,不失一般性,假设周期元胞 $C(\beta')$ 与一不连续线段 $l\subset M_i\cap M_j$ 相切于 z^*,其中 $\beta_0=i$. 那么与点 z^* 对应的所有以 j 开头的本性编码都是非周期的(无理的). 否则,如果存在 z^* 的一本性周期编码 β'',且 β'' 的首字为 j,那么周期元胞 $C(\beta'')$ 是一圆盘,且其边界通过点 z^*,既然周期元胞 $C(\beta')$ 和 $C(\beta'')$ 是内部不相交的,那么它们一定相切于点 z^*.

上面的分析确保我们可以假设存在两个周期圆盘相切于点 z,记它们的编码分别为 $\alpha=\mathcal{P}(\alpha^*)$ 和 $\beta=\mathcal{P}(\beta^*)$,其中有限编码 $\alpha^*=\alpha_0\alpha_1\cdots\alpha_{n_1-1}$ 和 $\beta^*=\beta_0\beta_1\cdots\beta_{n_2-1}$ 的长度分别为 n_1 和 n_2. 根据文献[8,74]中的结果,我们可以不失一般性地假设两个闭圆盘分别在不同的划分元中. 因为限制映射 $f_{\alpha^*}|_{C(\alpha)}$ 和 $f_{\beta^*}|_{C(\beta)}$ 分别是绕它们的中心且旋转角为 θ 和 θ' 的旋转映射,其中

$$\theta=\sum_{i=0}^{n_1-1}\theta_{\alpha_i},\theta'=\sum_{i=0}^{n_2-1}\theta_{\beta_i}$$

那么一定存在一点 $c_0\in\partial C(\alpha)$ 和一个自然数 n_0,使得

$$f_{\alpha^*}^{n_0}(c_0)=z\text{ 且对于任意的 }0<j<n_0,f_{\alpha^*}^{j}(c_0)\neq z$$

以及一个充分小的闭圆盘 $B_0=B(c_0,r_0)$ 在映射 $f_{\alpha^*}^{n_0}$ 的作用下映射到 $B(z,r_0)$,即

$$f_{\alpha^*}^{n_0}(B_0)=f_{\alpha^*}^{n_0}(B(c_0,r_0))=B(z,r_0)$$

选定一个更小的圆盘 $D_0\subset B(z,r_0)$，其半径为 l_0 且中心为 $z_0\in\partial C(\beta)\cap B(z,r_0)$，那么存在一个自然数 t_0，使得

$$f_{\beta^*}^{t_0}(z_0)=z, f_{\beta^*}^{t_0}(D_0)=B(z,l_0)$$

且

$$f_{\beta^*}^{j}(z_0)\neq z,\text{对于任意的 } 0<j<t_0$$

类似地，选定一点 $c_1\in\partial C(\alpha)\cap B(z,l_0)$ 和一个充分小的正实数 r_1 以及一个自然数 n_1，使得 $f_{\alpha^*}^{n_1}(c_1)=z$，并且闭圆盘 $B_1=B(c_1,r_1)$ 在映射 $f_{\alpha^*}^{n_1}$ 下的逆像在闭圆盘 $B(z,l_0)$ 中. 同时，当 $0<j<n_1$ 时，$f_{\alpha}^{j}(c_1)\neq z$. 一般地，存在 8 个序列 $\{z_k\}$，$\{c_k\}$，$\{n_k\}$，$\{t_k\}$，$\{r_k\}$，$\{l_k\}$，$\{B_k\}$ 和 $\{D_k\}$，使得

$$\begin{cases}f_{\beta^*}^{t_k}(D_k)\subset B(z,r_k), f_{\beta^*}^{t_k}(z_k)=z\\ f_{\beta^*}^{j}(z_k)\neq z,\text{对于任意的 } 1<j<t_k\end{cases}$$

且

$$\begin{cases}f_{\alpha^*}^{n_k}(B_k)\subset B(z,l_{k-1}), f_{\alpha^*}^{n_k}(c_k)=z\\ f_{\alpha^*}^{j}(c_k)\neq z,\text{对于任意的 } 1<j<n_k\end{cases}$$

其中 $B_k=B(c_k,r_k)$，$D_k=B(z_k,l_k)$，$k=0,1,2,\cdots$. 所以我们得到一列闭元胞区域套

$$B_0\supset f_{\alpha^*}^{-n_0}(D_0)\supset f_{\alpha^*}^{-n_0}\circ f_{\beta^*}^{-t_0}(B_1)\supset f_{\alpha^*}^{-n_0}\circ f_{\beta^*}^{-t_0}\circ f_{\alpha^*}^{-n_1}(D_1)\supset\cdots$$
$$\supset f_{\alpha^*}^{-n_0}\circ f_{\beta^*}^{-t_0}\circ\cdots\circ f_{\beta^*}^{-t_{k-1}}(B_k)\supset f_{\alpha^*}^{-n_0}\circ f_{\beta^*}^{-t_0}\circ\cdots\circ f_{\alpha^*}^{-n_k}(D_k)\supset\cdots$$

其中 $f_{\alpha^*}^{-1}=f_{\alpha_1}^{-1}\circ f_{\alpha_2}^{-1}\circ\cdots\circ f_{\alpha_{|\alpha^*|}}^{-1}$ 且 $f_{\alpha^*}^{-n}$ 为映射 $f_{\alpha^*}^{-1}$ 的 n 次复合. 从而，至少存在一点 $q_0\in B_0$，使得其编码为

$$\bigoplus_{k=0}^{\infty}(\alpha^{*n_k}\oplus\beta^{*t_k})=\alpha^{*n_0}\oplus\beta^{*t_0}\oplus\cdots\oplus\alpha^{*n_k}\oplus\beta^{*t_k}\oplus\cdots$$

最后，因为 $\{c_k\}\in\partial C(\alpha)$ 是互不相同的点列，则自然数 $\{n_k\}$ 也互不相同(否则 $\{c_k\}$ 中存在两个相同的点). 类似地，可得自然数 $\{t_k\}$ 也是互不相同的. 显然，编码 $\bigoplus_{k=0}^{\infty}(\alpha^{*n_k}\oplus\beta^{*t_k})$ 为无理的，证毕.

定理 4.2.1 的证明示意图如图 4.1.

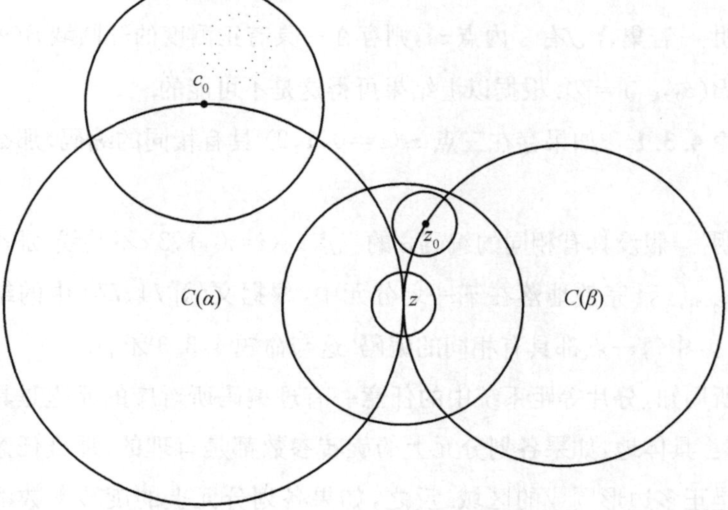

图 4.1　定理 4.2.1 的证明示意图

以上证明受到文献[51]的启发. 在该文中,作者 Goetz 证明了具有两个划分元的 Goetz 映射中非终于恒定编码的存在性.

§4.3　无理集的基本性质

命题 4.3.1　$(f,M,\mathcal{M})$ 为一 PWI,$\mathcal{J}$和 $\mathcal{F}$ 如前面所定义,那么 $\mathcal{J}\subset\mathcal{F}$.

证明　对于任意一点 $z_0\in\mathcal{J}$,存在一可允的无限编码 α 使得 $\chi(z_0)=\alpha$. 如果 $z_0\notin\mathcal{F}$,那么 $\inf\limits_n d(f^n(z_0),\partial\mathcal{M})\neq 0$,即存在一正实数 r_0 使得

$$d(f^n(z_0),\partial\mathcal{M})>r_0,n=0,1,2,\cdots$$

所以 $\bigcup\limits_{n=0}^{\infty}f^n(B(z_0,r_0))$ 与 $\partial\mathcal{M}$ 不相交,根据前面的定理可得编码 α 是有理的,矛盾,从而可得 $\mathcal{J}\subset\mathcal{F}$.

命题 4.3.2　$(f,M,\mathcal{M})$ 为一 PWI,如果 $\bar{\mathcal{E}}=\mathcal{F}=M$,即 $\mathcal{E}$ 在相空间 M 中稠密,那么所有可允编码都是无理的.

证明　选定 $z_0\in\pi(M)\setminus\bar{\mathcal{E}}$ 且 $\chi(z_0)=\alpha$. 如果编码 α 是有理的,那么根据

定理 4.2.1 可得集合 $\mathcal{E}$ 在相空间中不稠密，矛盾. 证毕.

命题 4.3.3　集合 $\mathcal{J}$ 不存在内点.

证明　若集合 $\mathcal{J}$ 有一内点 z_0，则存在一具有正测度的开圆域 $B(z_0,\epsilon_0)$ 使得 $\mathcal{E}\cap B(z_0,\epsilon_0)=\varnothing$. 根据以上结果可得这是不可能的.

推论 4.3.1　如果存在三点 $z_i(i=0,1,2)$ 具有相同的编码，那么它们一定共线.

证明　假设具有相同的编码 α 的三点 $z_i(i=0,1,2)$ 不共线，那么三角形区域 $\Delta_{\langle z_0,z_1,z_2\rangle}$ 完整地落在某一划分元中，根据文献[74,77]中的结果可得 $\Delta_{\langle z_0,z_1,z_2\rangle}$ 中每一点都具有相同的编码. 这与命题 4.3.3 矛盾.

众所周知，分片等距系统中的任意一有理编码所对应的元胞是具有正测度的凸集. 具体地，如果各划分元上的旋转参数都是有理的，那么任意一周期元胞都是正多边形围成的区域. 反之，如果各划分元上的旋转参数都是无理的，那么任意一周期元胞都是闭圆盘. 总之，一可允的有理编码所对应的相空间中的点不是唯一的，或者说有理编码在编码映射 χ 下的逆像是非唯一的. 事实上，对于一般的分片旋转映射而言，无理编码所对应的点也是非唯一的，不过，下面我们将证明：对于一分片的无理旋转而言，任意一可允的无理编码所对应的相空间中的点是唯一的(定理 4.3.1). 在完成主要定理的证明之前，有必要给出如下一些概念和相关命题.

线段 L 在可允迭代 $f_\alpha=\cdots\circ f_{\alpha_{n-1}}\circ\cdots\circ f_{\alpha_0}$ 下是永不被截的，如果对于任意 $n\in\mathbb{N}$，n 次迭代的像 $f_{\alpha_{n-1}}\circ\cdots\circ f_{\alpha_0}(L)$ 除两个端点之外完整地落在某一划分元中，即 L 中所有的点具有相同的编码. L 是永不被截的，称 L' 为线段 L 的一个 ω－极限线段，如果存在一自然数子列 $\{n_i\}$，使得

$$\lim_{i\to\infty}\mathcal{H}(f_{\alpha_{n_i}}\circ\cdots\circ f_{\alpha_0}(L),L')=0$$

其中 $\mathcal{H}(\cdot,\cdot)$ 代表任意两线段的 Hausdorff 距离，即 $\mathcal{H}(L,L')=\max\{\rho(L,L'),\rho(L',L)\}$ 且 $\rho(L,L')=\sup\limits_{a\in L}\inf\limits_{b\in L'}d(a,b)$. 方便起见，记

$$\lim_{i\to\infty}f^{n_i}(L)\overset{\mathcal{H}}{=\!=}L'$$

显然 $\mathcal{H}(L,L')<\epsilon$，当且仅当 $L\subset B(L',\epsilon)=\{z\in\mathbb{C}\mid d(z,x)<\epsilon,$

$x \in L'\}$ 且对于所有的 $x \in L'$ 有 $B(x,\epsilon) \cap L \neq \varnothing$. 记 $\omega(L)$ 为由永不被截线段 L 的所有 ω 一极限线段所组成的集合，且 $L' \in \omega(L)$ 蕴含着 L' 是 L 的一条 ω 一极限线段. 类似地，我们可以记 $\alpha(L)$ 为由 L 所有的 α 一极限线段所组成的集合.

命题 4.3.4　$(f,M,\mathcal{M})$ 为一 PWI，S 为一永不被截的线段且对应的编码为 α，如果 $S' \in \omega(S)$，那么 S' 在一可允的迭代下也是永不被截的. 再者，如果编码 α 是无理的，那么存在 $S' \in \omega(S)$ 使得 $S' \subset D$(即 S' 为不连续集上的一段).

证明　假设线段 S' 的 n 次迭代的像 $f^{k_0}(S')$ 被一条不连续线段 l 截断，记截点为 $f^{n_0}(z_0)$，$z_0 \in S'$，那么存在一充分小的实数 ϵ，使得集合 $f^{k_0}(B(S',\epsilon))$ 被线段 $B(f^{k_0}(z_0),\epsilon) \cap l$ 截成两部分，并且对于任意的 $k < k_0$ 而言，$f^k(B(S',\epsilon))$ 整体落在某一划分元中.

既然 $S' \in \omega(S)$，那么对于上述 ϵ，存在一自然数 i_0，使得 $f_{\alpha_{n_{i_0}}} \circ \cdots \circ f_{\alpha_0}(S) \subset B(S',\epsilon)$，且对于所有的 $x \in S'$，$B(x,\epsilon) \cap f_{\alpha_{n_{i_0}}} \circ \cdots \circ f_{\alpha_0}(S) \neq \varnothing$. 很容易得 $f^{k_0} \circ f_{\alpha_{n_{i_0}}} \circ \cdots \circ f_{\alpha_0}(S)$ 被 $B(f^{k_0}(z_0),\epsilon) \cap l$ 分割，与假设矛盾.

现在验证后面的结果. 选定线段 S 的中点 s，既然编码 α 是无理的，那么存在一自然数序列 $\{n_i\}$ 使得 $f_{\alpha_i} \circ \cdots \circ f_{\alpha_0}(s)$ 无限接近线段 l 上一点 s^*. 令 $S' \subset l$ 是以点 s^* 为中心、与 S 长度相同的线段. 因为线段 S 是永不被截的，那么我们可得 $S' \in \omega(S)$.

命题 4.3.5　如果 $(f,M,\mathcal{M})$ 为一可逆的分片无理旋转映射，那么任意一不连续线段 $S \subset \mathcal{D}$ 在映射迭代下都会被截成无穷多部分，且每一部分的长度都趋于 0.

证明　假设 S 是一永不被截的极大不连续线段，即对于任意的 $S' \supset S$，都存在一自然数 k，使得 $f^k(S')$ 落在不同的划分元中. 根据文献[45] 中定理 3，不失一般性，假设 $S' \in \omega(S)$，即存在一自然数序列 $\{n_i\}$，使得

$$\lim_{i\to\infty} f^{n_i}(S) \overset{\mathcal{H}}{=} S'$$

令 s_1 和 s_2 为线段 S 的两端点，$l_j(j=1,2)$ 为通过点 s_j 的逆像奇异线段. 那

么存在一充分小的开四边形区域 Q,其中三边分别为 l_1,l_2,S,使得 Q 内除了 S 的像,不存在任何其他奇异线段,其中充分小的邻域 Q 是指线段 l_1 和 l_2 的长度充分小.否则,奇异线段一定与 orb(S) 中的某一线段相交.从而存在一足够大的自然数 i_0,当任意的 $i > i_0$ 时,$f^{n_i}(s_j)$ 一定落在 $l_j(j=1,2)$ 上.显然,orb(S) 中的任意两条线段不可能彼此相交,那么根据简单的平面几何知识,可得线段 l_1 和 l_2 一定是平行的.类似地,可得当 $i > i_0$ 时,$f^{n_i}(S)$ 和 S 也一定平行.这与系统为分片无理旋转相矛盾.

定理 4.3.1 若$(f,M,\mathcal{M})$ 为可逆分片无理旋转系统,则限制编码映射 $\chi:\mathcal{J}' \to \Sigma'$ 是一一的,其中

$$\mathcal{J}' = \mathcal{J} \cap (M \backslash \mathcal{E}^-)$$

且 Σ' 为由所有可允的无理编码所组成的集合.

证明 显然,对于任意一点 $z_0 \in \mathcal{J}'$,存在唯一的无理编码 α 使得 $\chi(z_0)=\alpha$.所以只要证明对于任意两个不同点 $z_i \in \mathcal{J}'(i=1,2)$ 都有 $\chi(z_1) \neq \chi(z_2)$.假设存在两个不同点 $z_1,z_2 \in \mathcal{J}'$ 使得 $\chi(z_1)=\chi(z_2)=\alpha$,那么根据文献中的结果可得,线段 $l=\{z \mid z=z_1t+z_2(1-t),t \in [0,1]\}$ 上的任意一点所对应的编码都为 α.根据命题 4.3.4 可得,存在 $l' \in \omega(l)$,且 l' 是不连续集 $\mathcal{D}$ 上的一部分,同时 l' 是不被截的.这与命题 4.3.5 矛盾.

根据定理 4.3.1,对于可逆的分片无理旋转映射而言,其编码映射限制在非奇异的无理集上是一一的,即映射 $\chi:\mathcal{J}' \to \Sigma'$ 是一一的.但是对于一般的 PWI 而言,这样的结论不一定成立.作为反例,我们可以考虑映射 $f:[0,1]^2 \to [0,1]^2$,即

$$f(x,y)=\begin{cases}(x+1-\alpha,y), & x \in [0,\alpha) \\ (x-\alpha,y), & x \in [\alpha,1]\end{cases} \tag{4.2}$$

其中 $\alpha \in [0,1)$ 为一无理数.事实上,我们可以发现,对于任意一条线段 $\{x\} \times [0,1] \cap (\bigcup_{n=0}^{\infty} f^{-n}(\alpha,[0,1])) = \varnothing$,其上的所有点都具有相同的无理编码.

注记 4.3.1 文献[77]中,Goetz 已证实了具有相同无理编码的所有点所构成的集合是包含在不超过相空间维数的超平面上的凸集.进一步讲,对于

平面 PWI，无理编码所对应的逆像要么是一点，要么是一条线段. 然而，读者可以发现上述结论更具体、更准确.

推论 4.3.2　假设$(f,M,\mathcal{M})$为可逆的分片无理旋转系统，如果存在$\pi(\mathcal{M})\backslash\mathcal{E}^-$中两个不同的点具有相同的编码，那么该编码一定是有理的.

推论 4.3.3　假设$(f,M,\mathcal{M})$为可逆的分片的无理旋转系统，如果存在$\pi(\mathcal{M})\backslash\mathcal{E}^-$中两个不同的点$z_0$和$z_1$，它们的编码分别为$\alpha$和$\beta$，且$\alpha=\beta'\oplus\beta$，其中$\beta'$是有限的，那么编码$\alpha$和$\beta$都是有理的.

证明　如果$f_{\beta'}(z_1)=z_0$，那么z_0是一个周期点，因此，编码α和β自然是有理的. 否则，我们可得点$f_{\beta'}(z_0)$和z_1有相同的编码β. 因此根据推论 4.3.2 可得，编码β是有理的，从而编码α也是有理的.

从上述一些结果我们不难发现，不连续集$\mathcal{D}$上的动力学行为很大程度上决定了整个系统的动力学行为. 从这个观点来说，很有必要对不连续集的动力学进行更为深刻的研究. 下面的结论可以看作命题 4.3.4 的进一步论述.

定理 4.3.2　对于 PWI，如果一条不连续线段$S=M_i\cap M_j$在它的一个本性迭代f_α下是永不被截的，其中编码$\alpha=\alpha_0\alpha_1\cdots$是可允的，且$f_\alpha=\cdots\circ f_{\alpha_k}\circ\cdots\circ f_{\alpha_1}\circ f_{\alpha_0}$，那么下面的结果之一成立：

(1) 不连续线段是周期的，即存在一个正整数k，使得$f^k(S)=f_{\alpha_k}\circ f_{\alpha_{k-1}}\circ\cdots\circ f_{\alpha_2}\circ f_{\alpha_1}(S)=S$.

(2) 在本性迭代下，它能够接近相空间的边界，并且存在一条不连续线段$S'\subset\partial\pi(M)$使得$\omega(S')=S'$，即存在一个自然数序列$\{n_k\}$使得$\lim\limits_{k\to\infty}f^{n_k}(S')=S'$，其中$f^{n_k}=f_{\alpha_{n_k}}\circ f_{\alpha_{n_k}-1}\circ\cdots\circ f_{\alpha_1}$.

证明　假设$S=M_i\cap M_j$是满足定理条件的一条不连续线段且$\alpha=\alpha_0\alpha_1\cdots$是它的一个本性编码，其中$\alpha_0=i$. 首先，如果不连续线段$S$在映射的迭代下能无穷次回到边界上，那么根据定理 3.2.2 的证明过程可得S是周期的. 否则可以假设存在一个自然数t，使得$f^t(S)$在相空间的边界上，且对于任意的$t'>t$，线段$f^{t'}(S)$与边界的交为空(除两个端点之外). 那么根据命题4.3.4 有如下两个断言：

(1) 轨道$\{f^t(S)(t>t')\}$能任意接近相空间的边界，即存在一条线段

$S' \subset \partial\mathcal{M}$ 和一个自然数序列 $\{t_i\}$，使得 $\lim_{i\to\infty} f^{t_i}(S) \stackrel{\mathcal{H}}{=} S'$.

(2) 如果 $S' \in \omega(S)$，那么 S' 在其相应的本性迭代下也是永不被截的.

既然相空间的边界具有有限长度，从而可得在边界上仅含有 $\omega(S)$ 中的有限个元素，并记为 $S_1, S_2, \cdots, S_i$.

如果存在一条线段 $S_k(1 \leqslant k \leqslant i)$ 是周期的，且其相应的编码为 $\alpha^{(k)} = \mathcal{P}(\alpha_1^{(k)}\alpha_2^{(k)}\cdots\alpha_{n_k}^{(k)})$，那么在划分元 $M_{\alpha_1^{(k)}}$ 中存在一个编码为 $\alpha^{(k)}$ 的周期多边形区域，且其一边为 S_k. 既然 $S_k \in \omega(S)$，那么在该多边形区域中一定存在轨道 $\mathrm{orb}(S)$ 中的一部分元素，这样一来除非 S 也为周期的且 $S_k \in \mathrm{orb}(S)$，这就产生矛盾.

从上面的分析可得 S_k 是非周期的且永不被截的，从而同上可得相空间边界上只含有 $\omega(S_k)$ 中有限个元素，且如果 $S'_k \in \omega(S_k) \cap \partial\mathcal{M}$，那么 $S'_k \in \omega(S) \cap \partial\mathcal{M}$，即

$$S'_k \mid S'_k \in \omega(S_k) \cap \partial\mathcal{M} \subset \{S_1, S_2, \cdots, S_i\}$$

因为集合 $\{S_1, S_2, \cdots, S_i\}$ 仅含有有限个元素，那么一定存在 $S' \in \{S_1, S_2, \cdots, S_i\}$ 使得 $S' \in \omega(S')$.

第5章　高维PWIs的周期元胞填充

迭代欧氏空间$\mathbb{R}^d$中一保方向的可逆分片等距映射，相空间被满测度地划分为有理集和例外集的并. 对于平面无理旋转映射而言，任意一个周期元胞都是圆盘(除了边界上可数个点)[6,9,12]，因此，所有这些周期圆盘构成相空间M的一个不变圆盘填充. 一个自然的问题是：这个圆盘填充中，任意两个圆盘是否具有相切性(图5.1)? 文献[6-7]考虑了带有一个参数的分片等距映射族(Sigma－Delta映射和溢流映射)所诱导出的不变圆盘填充的相切性，利用参数的解析函数方法证明了不变圆盘填充中相切性的产生是非常"稀少"的. 文献[11]中，在一些合理的假设条件下，作者把相似的结果推广到更一般的分片等距系统中. 再者，文献[9]中的结果表明，分片等距映射所诱导的不变圆盘不能包含一般的Apollonian填充，也即是Arbelos的. 文献[8]更具体地表明平面分片无理旋转映射所诱导出的填充中，任意一圆盘只可能存在有限个圆盘与之相切. 所有这些结果都表明分片等距映射所诱导出的填充是非常"稀少"的，这一结果也支持了例外集具有正测度这一猜想.

虽然之前所有相关结果都表明，对于带有一参数的分片等距映射族而言，可能产生切性的参数只有可数个. 然而，我们尚不能排除这些可能产生相切性的参数是稠密分布的. 在本章中，作者将继续考虑不变周期元胞的填充问题，并把相关问题推广到一般的高维分片等距映射中. 我们首先考虑高维分片等距映射的周期元胞的对称结构(这一结果是平面分片等距映射的推广)，并给出周期元胞填充无切性的充分条件，最后把本书的主要结果应用到复平面上的PWIs.

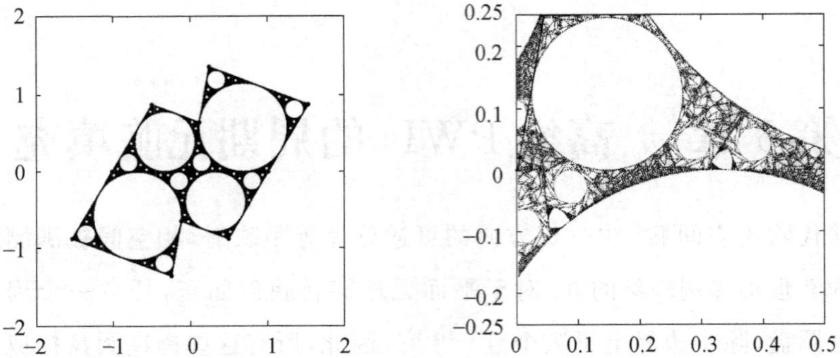

(a) Sigma-Delta映射所诱导出的不变圆盘填充，其中参数$\theta=1.75$

(b) 在区域中［0，0.5］×［−0.25，0.25］局部放大图，读者可以发现不变圆盘填充是非常“稀疏”的，并且任意两个不变圆盘都不相切

图 5.1

§5.1 周期元胞填充及其无切性

如前所述，相空间M可以满测度地写成有理集（由所有具有周期编码的点构成）和它的补集（例外集）的并. 显然，所有这些周期元胞是互不重叠的，我们称所有周期元胞的并$X=\bigcup C(\omega)$为相空间M的周期元胞填充. 对于复平面上的PWIs而言，一些数值结果表明集合$M\backslash X$具有正的Lebesgue测度，从而许多学者都猜想周期元胞填充$X=\bigcup C(\omega)$可能是疏松的，即任意两个周期元胞可能是不相切的.

本节考虑高维PWIs所诱导出的周期元胞填充的无切性. 称点$\boldsymbol{x}$是周期元胞C_1和C_2的切点，如果：

(1)$\mathrm{int}(C_1)\cap\mathrm{int}(C_2)=\varnothing$.

(2)$\boldsymbol{x}\in\partial C_1\cap\partial C_2$蕴含$\boldsymbol{n}_1(\boldsymbol{x})=\pm\boldsymbol{n}_2(\boldsymbol{x})$，其中$\boldsymbol{n}_i(\boldsymbol{x})(i=1,2)$表示$\partial C_i$在点$\boldsymbol{x}$处的单位法向量.

令

$$\mathcal{T}(C_1,C_2)=\{\boldsymbol{x}\mid\boldsymbol{x}\text{ 为 }C_1\text{ 与 }C_2\text{ 的切点}\}$$

为相切集. 我们称周期元胞C_1与C_2是相切的，如果$\mathcal{T}(C_1,C_2)$是非空的；称周期元胞填充是无切的，如果任意两个周期元胞都不相切. 事实上，对于复平面

PWIs 而言,相切集 $\mathcal{T}(C_1,C_2)$ 要么是一单点集,要么是一线段. 而对于更高维的 PWIs,它相应的可能是 k 维($k=0,1,\cdots,d-1$) 超平面,其中 d 是相空间的维数.

再者,对于高维的 PWIs,周期元胞还具有复平面中 PWIs 的其他一些类似性质.

命题 5.1.1　$(T,M,\mathcal{M})$ 为高维 PWI,如果 $C(\omega)$ 和 $C(\bar{\omega})$ 为两个不同的周期元胞,那么存在一自然数 k,使得 $T^k(C(\omega))$ 和 $T^k(C(\bar{\omega}))$ 分别包含在两个不同的划分元 M_i 和 M_j 中,也即 $T^k(C(\omega))$ 和 $T^k(C(\bar{\omega}))$ 被某一超平面 $L\subset\mathcal{D}$ 划分开.

注意:命题 5.1.1 是文献[6] 中引理 1 的相应推广,并且其证明过程也非常类似,此处不再赘述. 更重要的是,对于可逆的 PWIs 而言,可以得到如下类似命题.

命题 5.1.2　$(T,M,\mathcal{M})$ 为可逆的 PWIs,如果 $C(\omega)$ 和 $C(\bar{\omega})$ 为两个不同的周期元胞,那么一定存在一自然数 k,使得 $T^{-k}(C(\omega))$ 和 $T^{-k}(C(\bar{\omega}))$ 被某一超平面 $L'\subset\mathcal{D}'$ 划分开.

证明　假设编码 ω 和 $\bar{\omega}$ 的周期分别为 N_0 和 N_1,并且不失一般性地假设 $N_1\geqslant N_0$. 考虑周期元胞 $C(\omega)$ 和 $C(\bar{\omega})$ 的原像,如果 $T^{-k-1}(C(\omega))$ 和 $T^{-k-1}(C(\tilde{\omega}))$ 落在不同的划分元中,那么 $T^{-k}(C(\omega))$ 和 $T^{-k}(C(\tilde{\omega}))$ 已经被某一超平面 $L'\subset\mathcal{D}'$ 划分开. 事实上,既然 $\omega\neq\bar{\omega}$,那么这样的自然数 k(小于或等于 $\min\{N_0,N_1\}$) 一定存在.

为叙述方便,我们沿用文献[8] 中的一些概念和叙述方式. 两个可允的周期 n 编码 ω 和 $\bar{\omega}$ 称为等价的,如果存在一自然数 $i(0\leqslant i\leqslant n)$ 使得 $\sigma^i(\omega)=\bar{\omega}$,其中 σ 是移位映射,记作 $\omega\sim\bar{\omega}$. 两点 $\boldsymbol{x},\boldsymbol{y}\in M$ 称为等价的,如果它们相应的编码是等价的. 类似地,我们可以定义两个周期元胞 $C(\omega)$ 与 $C(\bar{\omega})$ 的等价关系. 记 $\mathrm{GO}(C(\omega))$ 为所有与周期元胞 $C(\omega)$ 等价的周期元胞构成的集族,并称为 $C(\omega)$ 的大轨道. 根据命题 5.1.1 和 5.1.2,我们有如下结果.

命题 5.1.3　$(T,M,\mathcal{M})$ 为可逆的 PWI,如果两个不同的周期元胞 $C(\omega)$ 与 $C(\bar{\omega})$ 彼此相切,那么存在两个平面 $L_1\subset\mathcal{D}'$,$L_2\subset\mathcal{D}$ 和周期元胞 $C_1,C_2\in$

$\mathrm{GO}(C(\omega))$,C'_1,$C'_2 \in \mathrm{GO}(C(\tilde{\omega}))$ 使得 C_i 与 $C'_i(i=1,2)$ 彼此相切,且相切集 $T(C_i,C'_i)$ 分别包含在 $L_i(i=1,2)$ 中.

命题5.1.4 $(T,M,\mathcal{M})$ 为可逆的PWI,如果两个周期元胞 $C(\omega)$ 与 $C(\tilde{\omega})$ 彼此相切,那么存在 $N(\mathcal{M})$ 中的两个向量 $\boldsymbol{n}_1$ 与 $\boldsymbol{n}_2$ 和一个可允编码 $\alpha=\alpha_0\alpha_1\cdots\alpha_{k-1}$,使得

$$\boldsymbol{A}_{\alpha_{k-1}}\cdots\boldsymbol{A}_{\alpha_1}\boldsymbol{A}_{\alpha_0}\cdot\boldsymbol{n}_1=\pm\boldsymbol{n}_2$$

证明 根据命题5.1.3,可以不失一般性地假设相切集包含在 $L'\subset\mathcal{D}'$ 中,即 $\mathcal{T}(C(\omega),C(\tilde{\omega}))\subset L'$,记 $\boldsymbol{n}$ 为 L' 的单位法向量.那么存在 $L_1\subset\partial\mathcal{M}$ 且其单位法向量为 $\boldsymbol{n}_1$,使得

$$\boldsymbol{A}_{\alpha_0}\cdot\boldsymbol{n}_1=\pm\boldsymbol{n}$$

从命题5.1.1可得,存在一个自然数 k,使得周期元胞 $T^{k-1}(C(\omega))$ 和 $T^{k-1}(C(\tilde{\omega}))$ 分别在不同的划分元中,且

$$T^{k-1}(\mathcal{T}(C(\omega),C(\tilde{\omega})))\subset L\subset\mathcal{D}$$

其中 $L=\overline{M}_i\cap\overline{M}_j$.

令 $\boldsymbol{n}_2$ 为平面 L 的单位法向量,那么存在一可允的有限编码 $\alpha_1\alpha_2\cdots\alpha_{k-1}$,使得

$$\boldsymbol{A}_{\alpha_{k-1}}\cdots\boldsymbol{A}_{\alpha_1}\cdot\boldsymbol{n}=\pm\boldsymbol{n}_2$$

因此

$$\boldsymbol{A}_{\alpha_{k-1}}\cdots\boldsymbol{A}_{\alpha_1}\boldsymbol{A}_{\alpha_0}\cdot\boldsymbol{n}_1=\pm\boldsymbol{n}_2$$

证明完毕.

下面为了介绍本章中的主要工作,我们先对一些基本的概念进行澄清.

定义5.1.1 欧氏空间 $\mathbb{R}^d$ 中一个可逆的PWI满足典型可逆性条件,如果存在一自然数 k_0 使得对于 $\forall\boldsymbol{x}\in\partial\mathcal{M}$,有 $T^k(\boldsymbol{x})\in\mathcal{D}'$ 对于 $k\leqslant k_0$ 成立.

对于绝大多数实际可逆的PWIs而言,其典型可逆性条件是很容易验证的,比如Goetz映射、Sigma－Delta映射以及溢流映射都满足典型可逆性条件.作者将在后面给出一类高维的PWIs的典型可逆性判别条件,并将得到对于平面分片旋转映射,其无理性蕴含典型可逆性.

定理5.1.1 $(T,M,\mathcal{M})$ 为定义在 d 维欧氏空间 $\mathbb{R}^d$ 中的PWI,如果:

(1) $(T,M,\mathcal{M})$ 满足典型可逆性条件.

(2) 对于任意可允的有限编码 $\omega_0\omega_1\cdots\omega_k$ 和任意的 $\boldsymbol{n}_i,\boldsymbol{n}_j\in N(\mathcal{D}')$,有

$$\boldsymbol{A}_{\omega_k}\boldsymbol{A}_{\omega_{k_1}}\cdots\boldsymbol{A}_{\omega_0}\cdot\boldsymbol{n}_i\neq\pm\boldsymbol{n}_j$$

那么由 T 所诱导出的周期元胞填充是无切的.

证明　假设周期元胞 C_1 与 C_2 是彼此相切的,那么根据命题 5.1.4 的证明可得,存在两个超平面 $L'\subset\mathcal{D}'$ 和 $L\subset\mathcal{D}$ 以及一个可允的有限编码 $\omega_0\omega_1\cdots\omega_{k-1}$,使得

$$\prod_{i=0}^{k-1}\boldsymbol{A}_{\omega_i}\cdot\boldsymbol{n}_1=\pm\boldsymbol{n}\tag{5.1}$$

其中 $\boldsymbol{n}_1\in N(\mathcal{D}')$ 和 $\boldsymbol{n}_2$ 分别为 L' 与 L 的单位法向量.

另一方面,既然系统满足典型可逆性条件,那么存在另一可允的有限编码 $\alpha_0\alpha_1\cdots\alpha_{l-1}$ 和一个单位法向量 $\boldsymbol{n}_2\in N(\mathcal{D}')$ 使得

$$\prod_{j=0}^{l-1}\boldsymbol{A}_{\alpha_j}\cdot\boldsymbol{n}=\pm\boldsymbol{n}_2\tag{5.2}$$

根据式(5.1) 和式(5.2),可得

$$\prod_{i=0}^{k-1}\boldsymbol{A}_{\omega_i}\cdot\prod_{j=0}^{l-1}\boldsymbol{A}_{\alpha_j}\cdot\boldsymbol{n}_1=\boldsymbol{n}_2\tag{5.3}$$

这与条件(2) 矛盾,证明完毕.

事实上,对于一类 PWIs 而言,其逆向多值集仅为一个超平面上的多面体区域或者是有限个互相平行的超平面上的多面体区域的并,也即 $N(\mathcal{D}')$ 在不考虑正负号的情况下仅包含一个元素. 那么有如下推论.

推论 5.1.1　$(T,M,\mathcal{M})$ 为 $\mathbb{R}^d$(d 为偶数) 上的 PWI,如果对于任意自然数 k 和任意序列 $\omega_0\omega_1\cdots\omega_{k-1}\in\mathcal{A}^k$,矩阵 $\prod_{i=0}^{k-1}\boldsymbol{A}_{\omega_i}=\boldsymbol{A}_{\omega_{k-1}}\boldsymbol{A}_{\omega_{k-2}}\cdots\boldsymbol{A}_{\omega_0}$ 都不存在特征值 1 且 $N(\mathcal{D}')$ 在不考虑正负号的情况下仅包含一个元素. 那么由 T 所生成的周期元胞填充是无切的.

要证明如上的推论,我们只要证明以下命题是正确的.

命题 5.1.5　假设 $(T,M,\mathcal{M})$ 是 $\mathbb{R}^d$(d 为偶数) 上的一可逆的 PWI,如果对于任意自然数 k 和任意序列 $\omega_0\omega_1\cdots\omega_{k-1}\in\mathcal{A}^k$,矩阵 $\boldsymbol{A}_{\omega_{k-1}}\boldsymbol{A}_{\omega_{k-2}}\cdots\boldsymbol{A}_{\omega_0}$ 都没有

特征值 1,那么该 PWI 满足典型可逆性条件.

证明　显然 $N(\mathcal{M})$ 仅含有有限个元素(不考虑正负号),令 $k_0 = \#\{N(\mathcal{M})\}$. 如果存在一点 $\boldsymbol{x} \in L \subset \partial\mathcal{M}$ 使得部分轨道 $\{T^n(\boldsymbol{x})\}_{n=0}^{k_0}$ 落在划分 $\mathcal{M}$ 的边界 $\partial\mathcal{M}$ 上,那么存在一个包含在 L 内的充分小的 $(d-1)$ 维多面体区域 L',使得 $\{T^n(L')\}_{n=0}^{k_0}$ 包含在 $\partial\mathcal{M}$ 中. 令 $\boldsymbol{n}(L)$ 为 L 的单位法向量,因为 L' 为 L 中的一个 $(d-1)$ 维多面体区域,那么 $\boldsymbol{n}(L')=\boldsymbol{n}(L)$. 根据上面的假设可知 $\{\boldsymbol{n}(T^n(L'))\}_{n=0}^{k_0}$ 中的各元素是互不相同的. 因此可得 $\#\{\boldsymbol{n}(T^n(L')), 0 \leqslant n \leqslant k_0\} = k_0 + 1 \geqslant \#\{N(M)\} = k_0$,矛盾.

注记 5.1.1　从上面的命题可知,对于一可逆的分片旋转映射,Goetz 在文献[12] 中所定义的无理性蕴含典型可逆性.

§5.2　复平面上 PWIs 的不变圆盘填充

对于复平面上的 PWIs 而言,其周期元胞为圆盘区域,由此诱导出的填充(称为不变圆盘填充) 无切性问题更容易刻画. 本节主要是把前面高维 PWIs 的结果应用到复平面上.

5.2.1　复平面上 PWIs 的不变圆盘填充

令 $\rho_j = \mathrm{e}^{\mathrm{i}\cdot\theta_j}(j=0,1,\cdots,r-1)$ 为映射 $T|_{M_j}$ 的线性部分,那么可以得到如下推论.

推论 5.2.1　$(T, M, \mathcal{M})$ 为复平面上的可逆分片旋转系统,如果当 $k_i \geqslant 0$ $(0 \leqslant i \leqslant r-1)$ 时,等式

$$\rho_0^{k_0}\rho_1^{k_1}\cdots\rho_{r-1}^{k_{r-1}} = 1$$

蕴含 $k_i = 0$,那么系统所得到的不变圆盘填充是无切的.

值得注意的是,上面所提及的条件 $\rho_0^{k_0}\rho_1^{k_1}\cdots\rho_{r-1}^{k_{r-1}} = 1$ 蕴含 $k_i = 0$,在文献[9,12] 中已出现,并称为无理性条件,在那里作者利用该条件证明了周期圆盘的结构以及周期点的稳定性. 特别地,如果可逆分片旋转系统各限制映射具有相同的无理旋转角 θ,即每个限制映射 $T|_{M_j}$ 具有相同的线性部分 $\rho = \mathrm{e}^{\mathrm{i}\cdot\theta}$,

那么我们进一步有如下推论，读者可以发现我们这里的结果加强了文献[6,7,11]中所有相应结果.

推论 5.2.2　如果定义在复平面上的一可逆分片旋转系统具有相同的无理旋转角 $\theta\left(\frac{\theta}{\pi}\in\mathbb{Q}^{C}\right)$，那么该系统所诱导的不变圆盘填充是无切的.

文献[7]和[6]分别讨论了 Sigma－Delta 映射和溢流映射所诱导的不变圆盘填充的切性问题，并得到只有在可数个可能的参数情况下，不变圆盘填充才有可能出现相切情况. 事实上，我们很容易验证 Sigma－Delta 映射和溢流映射满足推论 5.2.2 的相关条件，从而得到：如果参数 θ 是关于 π 不可约的，那么 Sigma－Delta 映射和溢流映射所诱导的不变圆盘填充是无切的.

命题 5.2.1　对于 Sigma－Delta 映射和溢流映射而言，如果 $\frac{\theta}{\pi}$ 是无理数，那么其诱导的不变圆盘填充是无切的.

5.2.2　应用举例

作为应用，我们考虑如下的 Goetz 映射 $T_\theta:M\to M$，其中参数 $\theta\in\left(\frac{\pi}{2},\frac{2\pi}{3}\right)$：

$$T_\theta(z)=\begin{cases}e^{2(\pi-\theta)i}\cdot z+c_1, & \text{如果 } z\in M_1\\ e^{(\pi-\theta)i}\cdot z+c_2, & \text{如果 } z\in M_2\end{cases}\tag{5.4}$$

其中 $c_1=\frac{1}{\sin\theta}$，$c_2=\frac{1+2\cos\theta}{\sin\theta}e^{-\theta i}$ 且划分元为 M_1 和 M_2，如图 5.2 所示.

$$M_1=[A,B,C]=\left[-2\cot\theta\cdot e^{(\pi-\theta)i},0,\frac{1}{\sin\theta}\right]$$

$$M_2=[B,C,D,E]=\left[0,\frac{1}{\sin\theta},\frac{1}{\sin\theta}\cdot(1+e^{-3\theta i}),\frac{1+2\cos\theta}{\sin\theta}\cdot e^{-\theta i}\right]$$

很容易验证，如上定义的 Goetz 映射满足典型可逆性条件，并且其线性部分分别为 $\rho_1=e^{2(\pi-\theta)i}$ 和 $\rho_2=e^{(\pi-\theta)i}$，显然，当 $\frac{\theta}{\pi}$ 是无理数时

$$\rho_1^{k_1}\rho_2^{k_2}=1,k_1\geqslant 0,k_2\geqslant 0$$

成立当且仅当 $k_1=k_2=0$.

命题 5.2.2　对于如上的 Goetz 映射(5.4)而言，如果参数 θ 关于 π 不可

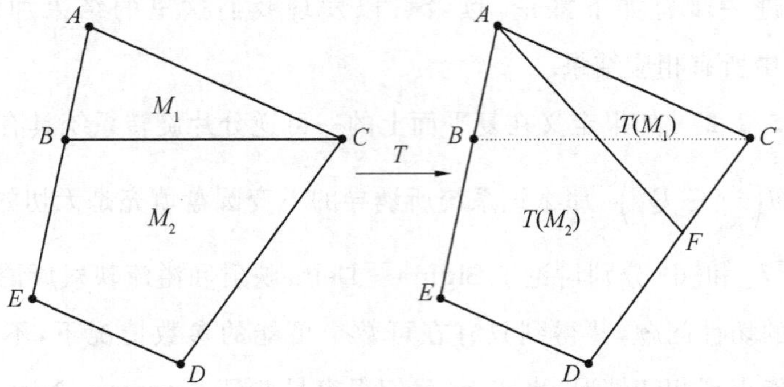

图 5.2　可逆的 Goetz 映射(5.4),其划分元为 M_1 和 M_2,且线性部分分别为 $\rho_1 = \mathrm{e}^{2(\pi-\theta)\mathrm{i}}$ 和 $\rho_2 = \mathrm{e}^{(\pi-\theta)\mathrm{i}}$

约,那么其诱导的不变圆盘填充是无切的(参看图 5.3).

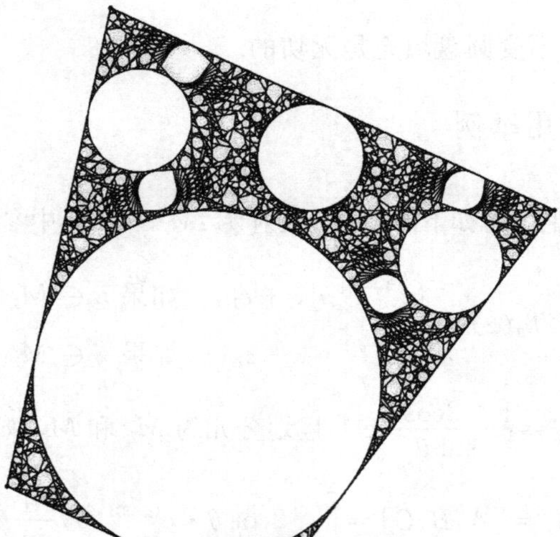

图 5.3　Goetz 映射(5.4)所诱导的不变圆盘填充示意图,其中参数为 $\theta = 1.78$,可以发现任意两个不变圆盘之间都不相切

§5.3　乘积空间上的高维 PWIs

本节我们给出一个高维的 PWI 的例子,并分析该系统的周期元胞以及填

充的切性问题. 在此基础上可以得到更一般的乘积空间上的高维 PWI 的相关性质.

考虑乘积 Goetz 映射 $F_\theta = T_\theta \times T_\theta : M \times M \to M \times M$，相空间的划分可以表示为 $\mathcal{M} \times \mathcal{M} = \{M_i \times M_j, i=1,2\}$. 划分元 $M_i \times M_j$ 是由四维空间 $\mathbb{C}^2$ 内的 $n_i + n_j$ 张三维超平面所围成的，其中 $n_i(n_j)$ 表示 $M_i(M_j)$ 的边界直线段的个数. 划分元 $M_i \times M_j$ 的边界可以表示成 $(\partial M_i \times M_j) \cup (M_i \times \partial M_j)$，所以一点 $\boldsymbol{x} = \{z_1, z_2\} \in \partial M_i \times M_j$ 当且仅当 $z_1 \in \partial M_i, z_2 \in M_j$ 或者 $z_1 \in M_i, z_2 \in \partial M_j$.

令 $\chi: M \to M$ 为 Goetz 映射的编码映射，其形式为 $[\chi(z)]_i = \omega_i \in \{1,2\}$ 当且仅当 $T_\theta^i(z) \in M_{\omega_i}$ 对于所有的 $i = 0, 1, \cdots$ 成立. 正如文献[47] 中所述，可以采用二维编码 $\iota(\boldsymbol{x})$ 与相空间 $M \times M$ 中的点 $\boldsymbol{x}$ 对应，即 $[\iota(\boldsymbol{x})]_i = \kappa_i = (\omega_i, \bar{\omega}_i)$，如果 $F_\theta^i(\boldsymbol{x}) \in M_{\omega_i} \times M_{\bar{\omega}_i}$，其中 $\omega_i, \bar{\omega}_i = 1$ 或 $2, i \in \mathbb{N}$.

命题 5.3.1　令 Ω 为 Goetz 映射 T_θ 迭代下的所有可允编码所组成的集合，那么二维编码 κ 在乘积 Goetz 映射 F_θ 下是可允的，当且仅当 $\kappa = \omega \times \bar{\omega}$，其中 $\omega, \bar{\omega} \in \Omega$，且 $[\omega \times \bar{\omega}]_i = (\omega_i, \bar{\omega}_i)$. 再者，如果旋转参数 θ 是关于 π 既约的且编码 $\kappa = \omega \times \bar{\omega}$ 是周期的，那么 $p(\kappa) = [p(\omega), p(\bar{\omega})]$ 且映射 F_θ 的周期元胞 $C(\kappa)$ 可以表示为 $C(\kappa) = C(\omega) \times C(\bar{\omega})$，其中 $p(\cdot)$ 为周期编码的周期数.

证明　显然，如果二维编码 $\kappa = (\omega_0, \bar{\omega}_0)(\omega_1, \bar{\omega}_1)\cdots$ 是可允的，那么存在一点 $\boldsymbol{x} = \{z_1, z_2\}$ 使得 $\iota(\boldsymbol{x}) = \kappa$. 因此对于所有的 $i = 0, 1, \cdots$ 有 $T_\theta^i(z_1) \in M_{\omega_i}$ 且 $T_\theta^i(z_2) \in M_{\bar{\omega}_i}$. 从而导致编码 $\omega, \bar{\omega}$ 在映射 T_θ 下是可允的，即 $\omega, \bar{\omega} \in \Omega$. 另一方面，若 $\omega, \bar{\omega} \in \Omega$ 为映射 T_θ 下两可允的编码，那么存在两点 z_1, z_2 使得 $\chi(z_1) = \omega$ 且 $\chi(z_2) = \bar{\omega}$. 记 $\boldsymbol{x} = \{z_1, z_2\}$ 为划分元 $M_{\omega_0} \times M_{\bar{\omega}_0}$ 中一点，那么 $F_\theta^i(\boldsymbol{x}) = \{T_\theta^i(z_1), T_\theta^i(z_2)\} \in M_{\omega_i} \times M_{\bar{\omega}_i}$，即 $\kappa = \omega \times \bar{\omega}$ 在映射 F_θ 迭代下是可允的.

接下来证明第二部分结论. 首先 $p(\kappa) = [p(\omega), p(\bar{\omega})]$ 是显然的. 故我们只要证明 $C(\kappa) = C(\omega) \times C(\bar{\omega})$. 为方便起见，这里我们只讨论 $\omega = \bar{\omega} = 1^\infty$ 的情形(其他情形的讨论是同样的). 令 z^* 和 r 分别为周期元胞 $C(\omega)(C(\bar{\omega}))$ 的中心和半径. 一方面，既然 $z_i \in C(\omega) = C(\bar{\omega})$，那么对于满足条件 $\|z_i - z^*\| < r$ $(i = 1, 2)$ 的任意一点 $\boldsymbol{x} = \{z_1, z_2\}$，我们有 $T_\theta^n(z_i) \in M_1 (i = 1, 2, n \in \mathbb{N})$. 从而

对于所有的 $n \in \mathbb{N}$,有 $F_\theta^n(\boldsymbol{x}) \in C(\kappa)$. 因此 $\boldsymbol{x} \in C(\omega) \times C(\tilde{\omega})$. 另一方面,对于满足条件 $\| z_1 - z^* \| > r(\| z_2 - z^* \| > r)$ 的任意一点 $\boldsymbol{x} = \{z_1, z_2\}$,接下来证明 $\boldsymbol{x} \notin C(\kappa)$. 不失一般性,假设 $\| z_1 - z^* \| > r$,那么存在一自然数 n_0 使得 $T_\theta^{n_0}(z_1) \notin M_2$,从而导致 $F_\theta^{n_0}(\boldsymbol{x}) = \{T_\theta^{n_0}(z_1), T_\theta^{n_0}(z_2)\} \notin C(\kappa)$.

事实上,通过简单的计算,可以发现对于二元编码 $\kappa = (1,1)^\infty$ 而言,其周期元胞满足 $D_1 \subset C(\kappa) \subset D_2$,其中

$$D_1 = \{\{z_1, z_2\} \mid \| z_1 - z^* \| + \| z_2 - z^* \| < r\}$$

且

$$D_1 = \left\{ \{z_1, z_2\} \,\middle|\, \| z_1 - z^* \| + \| z_2 - z^* \| < \frac{\sqrt{2}}{2} r \right\}$$

详细地说,周期元胞 $C(\kappa)$ 的边界由 $C(\omega) \times \partial C(\tilde{\omega})$ 和 $\partial C(\omega) \times C(\tilde{\omega})$ 所组成,然而,二维的胎面 $\partial C(\omega) \times \partial C(\tilde{\omega})$ 仅仅是边界 $\partial C(\kappa)$ 的一小部分且是非光滑的.

考虑上述四维系统中任意两个周期元胞之间的切性问题. 显然,对于任意的三维边界 $L \in \partial(M \times M)$,其单位法向量可以表示为 $\boldsymbol{n}(L) = (-\sin\alpha, \cos\alpha, 0, 0)$ 或者 $\boldsymbol{n}(L) = (0, 0, -\sin\alpha, \cos\alpha)$,其中 $\tan\alpha$ 是 $\partial\mathcal{M}$ 边界线段的斜率. 再者逆像奇异集 $\mathcal{D}'$ 由两个三维多面体区域 $L_1 = \overline{AF} \times M$ 和 $L_2 = M \times \overline{AF}$ 所组成,且 $\boldsymbol{n}(L_1) = (-\sin\beta, \cos\beta, 0, 0)$, $\boldsymbol{n}(L_2) = (0, 0, -\sin\beta, \cos\beta)$,其中 $\tan\beta$ 是直线段 $\overline{AF}$ 的斜率. 根据上一节的分析,可得存在一自然数 k_0,使得对于任意的 $z \in \partial(\mathcal{M} \times \mathcal{M})$ 有 $F_\theta^k(z) \in L_1 \cup L_2, k \leqslant k_0$. 令

$$\boldsymbol{A}_{(i,j)} = \begin{pmatrix} \cos\alpha_i & -\sin\alpha_i & 0 & 0 \\ \sin\alpha_i & \cos\alpha_i & 0 & 0 \\ 0 & 0 & \cos\alpha_j & -\sin\alpha_j \\ 0 & 0 & \sin\alpha_j & \cos\alpha_j \end{pmatrix}$$

其中 $i, j = 1, 2$ 且 $\alpha_1 = 2\pi - \theta, \alpha_2 = \pi - \theta$,那么 $\boldsymbol{A}_{(i,j)}$ 是限制映射 $F_\theta \big|_{M_i \times M_j}$ 的线性部分. 如果旋转参数 θ 是关于 π 既约的,那么对于任意可允编码 $\kappa = (\omega_0, \tilde{\omega}_0)(\omega_1, \tilde{\omega}_1)\cdots$ 可得

$$\boldsymbol{A}_{(\omega_0, \tilde{\omega}_0)} \cdot \boldsymbol{A}_{(\omega_1, \tilde{\omega}_1)} \cdot \boldsymbol{A}_{(\omega_k, \tilde{\omega}_k)} \cdot \boldsymbol{n}(L_i) \neq \boldsymbol{n}(L_j)$$

对于任意的 $k \in \mathbb{N}$ 和 $i, j = 1, 2$ 都成立. 因此,有如下的命题.

命题 5.3.2　如果 θ 关于 π 是既约的，那么由映射 F_θ 所诱导出的周期元胞填充是无切的.

类似地，对于一般的乘积空间上的分片等距系统，其周期元胞以及填充有如下性质.

命题 5.3.3　假设 $(T,M,\mathcal{M})$ 和 $\{F,X,\mathcal{X}\}$ 为两个分片等距系统，令 $H=T\times F:M\times X\rightarrow M\times X$，那么 H 的任意一个周期元胞 $C(\kappa)$ 可以表示为 $C(\omega)\times C(\tilde{\omega})$，其中 ω 和 $\tilde{\omega}$ 分别为 T 和 F 的可允周期编码.

命题 5.3.4　假设 $(T^i,M^i,\mathcal{M}^i)$ $(i=1,2,\cdots,k)$ 为 k 个平面 PWIs 且 $H=T^1\times T^2\times\cdots\times T^k$，如果每一个 $\{T^i,M^i,\mathcal{M}^i\}$ 都是分片无理旋转，那么系统 H 的任一周期元胞 C 都可以表示成 $C=C_1\times C_2\times\cdots\times C_k$，其中 C_i $(i=1,2,\cdots,k)$ 是系统 T^i 的周期元胞. 再者，由 H 诱导出的周期元胞填充是无切的.

第 6 章　PWIs 的复杂性

正如文献[35]中所述,拓扑熵是刻画连续作用在相空间上引起的运动混乱程度(动力学复杂性)的一个常见度量,它的定义最初由 R. L. Adler 等人在文献[15]中引入,后来又由 R. Bowen 给出了新的定义[16]. 它是一个非负数值拓扑共轭不变量,并且每一个紧致系统都存在一个确定的拓扑熵. 然而不管是拓扑熵的开覆盖定义,还是 Bowen 的分离集和张成集的定义(详见文献[35]),都离不开映射的连续性,这样对于我们所讨论的 PWIs 而言,很难直接引用经典的拓扑熵的定义方式.

分片等距映射并不是完全不连续的,任意的多边形(多面体)区域的逆像依然是若干个多边形(多面体)区域的并. 于是对于 PWIs,其拓扑熵(依然这么称)可以类似于经典意义下的开覆盖定义方式给出其相应定义(详见文献[74,20,77,18]). 只不过我们这里所采用的覆盖是分片等距映射在自然划分下所诱导出的多边形(多面体)区域覆盖. 从另一方面看,PWIs 的拓扑熵刻画了划分元基数随迭代次数 n 的指数增长情况. 然而 J. Buzzi 在文献[20]中证明了任意维的 PWIs 都具有零拓扑熵,这就告诉我们 PWIs 的拓扑熵很难反应出运动混乱程度. 于是我们引入了复杂度这一概念(记作 $p(T)$),本章主要围绕复杂度的存在性以及计算方法等问题展开.

§6.1　复杂度的定义及基本性质

6.1.1　复杂度的定义

关于 PWIs 的动力学加细、拓扑熵(符号熵)以及复杂度等概念在文献[74]中已有介绍. 相空间 X 的任意两个划分 $\mathcal{M}$ 和 $\mathcal{N}$ 存在一个偏序关系,称为加细,记作 $\mathcal{M} \prec \mathcal{N}$. 我们称 $\mathcal{M}$ 是 $\mathcal{N}$ 的加细,如果对于任意的 $M \in \mathcal{M}$,存在某

个 $\mathcal{N} \in \mathcal{N}$ 使得 $M \subseteq N$. 再者，对于相空间 X 的任意两个划分 $\mathcal{M}$ 和 $\mathcal{N}$，可以定义它们的相互加细

$$\mathcal{M} \vee \mathcal{N} = \{M \cap N \mid M \in \mathcal{M}, N \in \mathcal{N}\}$$

很显然，$\mathcal{M} \vee \mathcal{N}$ 既是 $\mathcal{M}$ 的加细，又是 $\mathcal{N}$ 的加细.

对于任意的 PWI 而言，迭代映射 T 可以自然产生一加细序列（谓之为动力学加细列）

$$\mathcal{M}(n) = \bigvee_{k=0}^{n} T^{-k}(\mathcal{M}), n = 0, 1, 2, \cdots$$

显然 $\mathcal{M}(n) \prec \mathcal{M}(n-1)$ 对于任意的 $n \in \mathbb{N}$ 都成立.

记 $\| \mathcal{M}(n) \|$ 为划分 $\mathcal{M}(n)$ 所包含划分元的基数，那么 $\| \mathcal{M}(n) \| \geqslant \| \mathcal{M}(n-1) \|$ 对于任意的 $n \in \mathbb{N}$ 恒成立. 如果存在一自然数 n_0 使得 $\| \mathcal{M}(n_0) \| = \| \mathcal{M}(n_0 - 1) \|$，那么 $\| \mathcal{M}(n_0 + p) \| = \| \mathcal{M}(n_0) \|$ 对于所有的自然数 p 都成立. 一般地，$\| \mathcal{M}(n) \|$ 是一个与自然数 n 相关的正整数，并且 $\| \mathcal{M}(\infty) \| = \lim\limits_{n \to \infty} \| \mathcal{M}(n) \| = \infty$.

为了研究 $\| \mathcal{M}(n) \|$ 关于自然数 n 的增长率，定义其拓扑熵为

$$h_{\text{top}}(T) = \lim_{n \to \infty} \sup \frac{\log \| \mathcal{M}(n) \|}{n}$$

J. Buzzi 在文献[20] 中已经证明了任意维欧氏空间上的分片等距系统的拓扑熵都为零. 因此，我们只能从拓扑熵得到 $\| \mathcal{M}(n) \|$ 增长率的粗略信息，为此引入新的度量——复杂度.

定义 6.1.1　$(T, M, \mathcal{M})$ 为一 PWI，其动力学复杂度定义为

$$p(T) = \lim_{n \to \infty} \frac{\log \| \mathcal{M}(n) \|}{\log n} \tag{6.1}$$

如果右边的极限存在.

值得注意的是，在文献[77] 中，A. Goetz 给出了动力学复杂度的另外一个定义

$$p(T) = \lim_{n \to \infty} \sup \frac{\log \| \mathcal{M}(n) \|}{\log n}$$

然而，一些例子证实如定义 6.1.1 所定义的动力学复杂度存在并且为不超过空间维数的非负整数. 文献[21] 中的数值结果也进一步证明 $\| \mathcal{M}(n) \|$ 是关

于自然数 n 指数增长的. 总之,定义 6.1.1 对于任意的分片等距系统而言可能是合理的.

如果采用定义 6.1.1,一个无法回避的问题就是如何从理论上证明定义中右边极限的存在性(甚至可以为 ∞). 很多学者最初想仅仅利用定义和动力学加细的一些简单性质($\| \mathcal{M}(n+1) \| \geqslant \| \mathcal{M}(n) \| + k_0$)完成这个证明(类似于拓扑动力系统中拓扑熵的证明). 简单地讲,若定义

$$p_n(f) = \frac{\log \| \mathcal{M}(n) \|}{\log n}$$

那么有

$$p_{n+1}(f) = \frac{\log \| \mathcal{M}(n+1) \|}{\log(n+1)} \geqslant \frac{\log \| \mathcal{M}(n) \|}{\log(n+1)} = \frac{\log n}{\log(n+1)} \cdot p_n(f) \tag{6.2}$$

从而问题转化为满足不等式(6.2) 的序列 $\{p_n\}$ 是否存在极限或者广义极限. 然而,给出的一个反例证实这种满足不等式(6.2) 的序列可能不存在极限. 因此,为了证明定义 6.1.1 的合理性,必须从本质上理解动力学加细的过程以及划分元的增长是如何产生的.

6.1.2 复杂度的基本性质

本小节主要介绍复杂度的一些基本性质,其中一部分(一维的区间交换映射) 在先前文献中已经出现,本书都已注明出处并省略其证明过程.

定理 6.1.1[74] 对于任意维欧氏空间上的任意分片等距系统$(T,M,\mathcal{M})$,若其复杂度存在,那么 $p(T) \notin (0,1)$.

定理 6.1.2[74] 任意一区间交换 T 的复杂度都存在,且 $p(T)=0$ 或 $p(T)=1$,进一步,$p(T)=0$ 当且仅当 T 为预周期的;从而 $p(T)=1$ 当且仅当 T 为非周期的.

定理 6.1.3 假设$(T^i,M^i,\mathcal{M}^i)$是分别定义在 $M^i \subset \mathbb{R}^{d_i}(i=1,2)$ 上的 PWI,那么 $T=T^1 \times T^2 : M^1 \times M^2 \to M^1 \times M^2$ 也为分片等距的. 并且,如果 $p(T^i)$ 都存在,那么 $p(T)$ 存在,且

$$p(T) = p(T^1) + p(T^2)$$

证明　假设 $M^i(i=1,2)$ 分别具有 n_i 个划分元且记作 $\mathcal{M}^i=\{M_1^i,M_2^i,\cdots,M_{n_i}^i\}$. 则空间 $M^1\times M^2$ 被划分为 $n_1\cdot n_2$ 个部分,记 $\mathcal{M}^1\times\mathcal{M}^2=\{M_k^1\times M_l^2\}_{k=0,l=0}^{n_1,n_2}$. 空间 $M^1\times M^2$ 同一划分元 $M_k^1\times M_l^2$ 中的任意两点 $\boldsymbol{x}_1$ 和 $\boldsymbol{x}_2$ 都可以表示成 $\boldsymbol{x}_i=(z_{i1},z_{i2}),i=1,2$,其中 $z_{i1}\in M_k^1,z_{i2}\in M_l^2$,则

$$\begin{aligned}\rho(T(\boldsymbol{x}_1),T(\boldsymbol{x}_2))&=\rho(T(z_{11},z_{12}),T(z_{21},z_{22}))\\&=\rho((T^1(z_{11}),T^2(z_{12})),(T^1(z_{21}),T^2(z_{22})))\\&=\sqrt{[\rho_1(T^1(z_{11}),T^1(z_{21}))]^2+[\rho_2(T^2(z_{12}),T^2(z_{22}))]^2}\\&=\sqrt{[\rho_1(z_{11},z_{21})]^2+[\rho_2(z_{12},z_{22})]^2}=\rho(\boldsymbol{x}_1,\boldsymbol{x}_2)\end{aligned}$$

其中 ρ,ρ_1,ρ_2 分别表示空间 $M^1\times M^2,M^1,M^2$ 上的距离. 对于映射 T 的 n 次迭代,记 $\|\mathcal{M}^i(n)\|(i=1,2)$ 为空间 M^i 在 n 次迭代后所包含的划分元的个数,则 $\|(\mathcal{M}^1\times\mathcal{M}^2)(n)\|=\|\mathcal{M}^1(n)\|\cdot\|\mathcal{M}^2(n)\|$,从而可得

$$p(T)=\lim_{n\to\infty}\frac{\log\|(\mathcal{M}^1\times\mathcal{M}^2)(n)\|}{\log n}=\lim_{n\to\infty}\frac{\|\mathcal{M}^1(n)\|\cdot\|\mathcal{M}^2(n)\|}{\log n}$$

既然 $T_i(i=1,2)$ 的复杂度都存在,那么 $p(T)=p(T^1)+p(T^2)$.

命题 6.1.1　假设$(T,M,\mathcal{M})$ 是一定义在 $M\subset\mathbb{R}^d$ 上的 PWI, $T_i=(\mathbf{A}_i,\boldsymbol{v}_i):M_i\to M_i,i=1,2,\cdots,n$,其中 $\mathbf{A}_i$ 为一 $d\times d$ 矩阵. 如果对于所有 $i=1,2,\cdots,n$ 都有 $\mathbf{A}_i=\mathrm{Id}$,那么 $p(T)$ 存在且为不超过空间维数 d 的整数.

证明　根据假设可得,分片等距系统$(T,M,\mathcal{M})$ 可以写成 d 个区间交换映射的乘积形式. 又由于每个一维的区间交换映射的复杂度要么为 0,要么为 1,从而根据上面的复杂度可加性定理可得系统$(T,M,\mathcal{M})$ 的复杂度一定为不超过 d 的非负整数.

§ 6.2　动力学加细的基本性质

前一节已经介绍了相空间的动力学加细的概念,并且可得 $\|\mathcal{M}(n)\|=\|\mathcal{M}(-n)\|$. 那么为了得到 $\|\mathcal{M}(n)\|$ 的增长情况, 我们只需考虑 $\|\mathcal{M}(-n)\|$ 的增长情况,即相空间在映射 T 的前向迭代下所包含的凸多边形区域的个数与迭代次数 n 的关系.

首先引入划分图的概念，它在文献[22](Mosc. Math. J. ,2006) 中由 E. Gutkin 等人讨论二维具有常曲率的分片凸交换变化映射的复杂度时首次提出. 随后 Z. H. Chen 等人在文献[23]以及其博士学位论文[44]中也采用了该概念，用以估计多边形区域基数的增长(结合图上的点与线以及面的关系，即示性数). 不过在那些文献中，他们并没有从本质上考虑这类映射的"点""线"以及"面"的个数是如何增长的. 接下来的内容是先引用划分图的概念，然后结合 PWIs 映射，考虑其"面"的个数是如何增长的，或说其增长是如何受制于逆向奇异集的"线"的增长的.

定义 6.2.1　设 X 为平面上的一个多边形区域，$\mathcal{P}=\{M_1,M_2,\cdots,M_{r-1}\}$ 为其一个凸多边形划分(每个划分元 M_i 为凸多边形区域). 记 Γ 为各划分元中所有的点、线所构成的集合，那么称 Γ 为划分 $\mathcal{M}$ 所诱导的划分图.

与划分的动力学加细一样，在映射的连续作用下，相空间的划分图也会有动力学加细，我们称 $\Gamma(n)$ 为加细划分 $\mathcal{M}(n)$ 的加细图. 记 $\Gamma^0(n)$ 和 $\Gamma^1(n)$ 分别为加细划分图 $\Gamma(n)$ 的所有点和线的集合且 $\|\cdot\|$ 表示各自集合的基数. 那么根据 Euler 示性数定理可得如下引理.

引理 6.2.1　假设 $(T,M,\mathcal{M})$ 为 PWI，$\mathcal{M}(n)$ 为 n 次迭代的加细划分且 $\Gamma(n)$ 为相应的加细图，那么如下的等式成立

$$\|\Gamma^0(n)\|-\|\Gamma^1(n)\|+\|\mathcal{M}(n)\|=\chi,\text{对于任意的 } n\in\mathbb{N} \tag{6.3}$$

其中 χ 表示平面多边形区域的 Euler 示性数.

上面的引理建立起了划分加细的点、线、面的基数关系. 因为 Euler 示性数 χ 是一个不变量，故为了得到面的基数随自然数 n 的变化关系，我们只要得到点和线(即 $\Gamma^0(n),\Gamma^1(n)$)的基数是如何增长的. 下面主要讨论的对象是平面上满足典型可逆性条件的一类可逆 PWIs. 令 $\mathcal{D}'$ 为前向奇异集(多值集)，它由有限条线段所组成，并且在迭代过程中，$\mathcal{D}'$ 的线段要被奇异集不断地截断，从而 $\mathcal{D}'(n)=T^n(\mathcal{D}')$ 由更多的线段所组成，我们给出如下的定义.

定义 6.2.2　称线段 L 为 $\mathcal{D}'(n)$ 中的一极大元(记作 $L\in:\mathcal{D}'(n)$)，如果满足如下条件：

(1) 对于任意的 $0\leqslant i\leqslant n$，$T^{-i}(L)$ 中除端点之外的所有点都在同一划分

元中.

(2)L 为极大的，即对于任意的 $L' \supset L$，都存在一自然数 $k \leqslant n$，使得 $T^{-k}(L')$ 中的点落在不同的划分元中(被不连续集 $\mathcal{D}$ 截断).

同时，记 $\| \mathcal{D}'(n) \|$ 为 $\mathcal{D}'(n)$ 所包含极大元的基数且 $\| \mathcal{D}' \| = \| \mathcal{D}'(1) \|$. 形象地称 $\mathcal{D}'$ 的极大元为初始极大元. 下面的命题对划分加细所含多边形区域的基数是非常重要的.

命题 6.2.1　假设$(T, M, \mathcal{M})$ 为可逆的平面 PWI 且 $L \in : \mathcal{D}'(n)$，那么对于任意的自然数 $k \leqslant n$，L 不会被任意的极大元 $L' \in : \mathcal{D}'(k)$ 所截断，也即对于任意的 $L' \in : \mathcal{D}'(k)$，$0 \leqslant k \leqslant n$，下面 3 种情况之一成立：

(1)$L \cap L' = \varnothing$.

(2)$L \cap L'$ 为 L 的一端点.

(3)$L \subseteq L'$.

证明　假设 $L \in : \mathcal{D}'(n)$，$L' \in : \mathcal{D}'(k)$，$k < n$ 且 $L \cap L' \neq \varnothing$. 如果 L 与 L' 只存在一交点 z^* 且 z^* 为 L 的内点，那么 $T^{-k}(L')$ 是 $\mathcal{D}'$ 中某一极大元 L'' 的一部分(即 $T^{-k}(L') \subset L''$)且 $T^{-k}(L)$ 被 L'' 所截断，从而 $T^{-k-1}(L)$ 中的点不在同一划分元中，这与 $L \in : \mathcal{D}'(n)$ 矛盾. 再者，如果 $L \cap L'$ 为一线段且 $L \cap L' \neq L$，那么可得 L 一定被另外一条极大元所截断，故当 $k < n$ 时命题成立.

现考虑 $k = n$. 首先考虑 $k = n = 0$，即存在 D 中的两个极大元 L_1 和 L_2 相交于一点且交点至少为其中之一的内点(假设交点为 L_1 的内点)，那么事实上 L_1 不再是极大元，而是两个极大元的并. 同理可以考虑任意的 $k = n \neq 0$ 的情形. 总之，根据分析可得上面的命题是正确的.

对于某一 $L \in : \mathcal{D}'(n)$，从命题 6.2.1 可得，$T(L)$ 不会被任意的 $L' \in : \mathcal{D}'(k)$，$k \leqslant n+1$ 所截断. 再者，如果 $T(L)$ 还不会被不连续集 $\mathcal{D}$ 所截断的话，那么 $T(L)$ 一定落在 $\mathcal{M}(n)$ 中的某一多边形划分元 $n-$ 元胞中，从而 $T(L)$ 最多把该 $n-$ 元胞划分成两个$(n+1)-$ 元胞. 于是有如下命题.

命题 6.2.2　对于任意可逆的 PWI，不等式

$$\| \mathcal{M}(n) \| \leqslant \| \mathcal{M}(n-1) \| + \| \mathcal{D}'(n) \| \tag{6.4}$$

对任意的 $n \in \mathbb{N}$ 都成立，其中 $\mathcal{D}'(1) = \mathcal{D}'$ 且 $\mathcal{M}(0) = \mathcal{M}$.

证明 由式(6.3)可得

$$\| \mathcal{M}(n) \| - \| \mathcal{M}(n-1) \| = \| \Gamma^1(n) \| - \| \Gamma^1(n-1) \| - (\| \Gamma^0(n) \| - \| \Gamma^0(n-1) \|) \quad (6.5)$$

对任意线段 $L \in \Gamma^1(n-1)$，如果它被 $\mathcal{D}'(n)$ 中的某些线段划分为 $\delta(L)$ 个小段，那么 $\delta(L)-1$ 个新的定点产生. 因此可得

$$\| \Gamma^0(n) \| - \| \Gamma^0(n-1) \| = \sum_{L \in \Gamma^1(n-1)} (\delta(L)-1) \quad (6.6)$$

另一方面，有

$$\| \Gamma^1(n) \| \leqslant \| \Gamma^1(n-1) \| + \| \mathcal{D}'(n) \| + \sum_{L \in \Gamma^1(n-1)} (\delta(L)-1) \quad (6.7)$$

结合式(6.5)、(6.6)和(6.7)可得式(6.4)成立.

命题 6.2.3 假设$(T, M, \mathcal{M})$为可逆的 PWI，如果对于任意的 $L \in: \mathcal{D}'(n-1)$ 和 $L' \in: \Gamma^1(n)$ 都有 $T(L)$ 和 L' 互不重叠，那么下面的不等式对于任意的 $n \in \mathbb{N}$成立

$$\| \mathcal{M}(n) \| \geqslant \| \mathcal{M}(n-1) \| + \| \mathcal{D}'(n-1) \| \quad (6.8)$$

证明 对于任意的 $L \in \mathcal{D}'(n-1)$，有

$$T(L) \in \Gamma^1(n)$$

因为 $T(L)$ 与任意的 $L' \in: \Gamma^1(n)$ 互不重叠，那么可得

$$\| \Gamma^1(n) \| \geqslant \| \Gamma^1(n-1) \| + \| \mathcal{D}'(n-1) \| + \sum_{L \in \Gamma^1(n-1)} (\delta(L)-1) \quad (6.9)$$

把式(6.9)代入式(6.5)可得

$$\| \mathcal{M}(n) \| - \| \mathcal{M}(n-1) \| \geqslant \| \mathcal{D}'(n-1) \| + \sum_{L \in \Gamma^1(n-1)} (\delta(L)-1) - (\| \Gamma^0(n) \| - \| \Gamma^0(n-1) \|) \quad (6.10)$$

再把式(6.6)代入式(6.10)便可得式(6.8).

推论 6.2.1 假设$(T, M, \mathcal{M})$为可逆的 PWI，如果各限制映射的线性部分$\{\rho_i\}_{i=0}^{r-1}$ 满足条件

$$\Psi: \rho_0^{k_0} \rho_1^{k_1} \cdots \rho_{r-1}^{k_{r-1}} = 1, k_i \geqslant 0, \text{当且仅当 } \rho_i = 0$$

那么存在一自然数 n_0，使得对于任意的 $n \geqslant n_0$ 有式(6.8)成立.

证明 因为可逆的分片等距系统$(T, M, \mathcal{M})$满足条件 Ψ，那么一定存在

一自然数 n_0，使得当 $n \geqslant n_0$ 时，任意的 $L \in :\mathcal{D}'(n)$ 和 $L' \in :\Gamma^1(n-1)$ 具有不同的斜率，因此根据命题 6.2.3 可得式(6.8) 对于任意的 $n \geqslant n_0$ 都成立.

§6.3　平面 PWI 的复杂度

通过上面的分析我们知道平面PWIs的复杂度由 $\mathcal{D}'(n)$ 的基数所决定. 本小节主要讨论平面 PWIs 的复杂度. 首先讨论一种退化的情形：存在一自然数 k_0，使得任意的 $L \in :\mathcal{D}'(k_0)$，永不被截，此时这类系统和一维的 IET 很相似，且其复杂度一定存在要么为 0，要么为 1. 随后我们通过考虑发生截断的时间序列来研究更一般的情况.

命题 6.3.1　假设$(T, M, \mathcal{M})$ 为可逆的平面 PWI，如果存在一自然数 k_0，使得对于任意的 $L \in :\mathcal{D}'(k_0)$ 和自然数 $i \in \mathbb{N}$ 有 $T^i(L)$ 不会被不连续集 $\mathcal{D}$ 所截断，那么如定义 6.1.1 所定义的复杂度存在且 $p(T) = 0$ 或 $p(T) = 1$.

证明　首先，如果存在一自然数 n_0，使得

$$\| \mathcal{M}(n_0) \| = \| \mathcal{M}(n_0 + 1) \|$$

那么系统$(T, M, \mathcal{M})$ 是预周期的. 从而

$$p(T) = \lim_{n \to \infty} \frac{\log \| \mathcal{M}(n) \|}{\log n} = \lim_{n \to \infty} \frac{\log \| \mathcal{M}(n_0) \|}{\log n} = 0$$

不失一般性，假设对于所有的自然数 $n \in \mathbb{N}$ 有

$$\| \mathcal{M}(n+1) \| \geqslant \| \mathcal{M}(n) \| + 1$$

既然存在一自然数 k_0，使得对于任意的 $L \in :\mathcal{D}'(k_0)$ 和所有的自然数 i 有 $T^i(L)$ 不会被不连续集 $\mathcal{D}$ 截断，那么由命题 6.2.1 可得：对于任意的自然数 $n > k_0$，有

$$\| \mathcal{D}'(n) \| \leqslant \| \mathcal{D}'(k_0) \| \tag{6.11}$$

结合式(6.4) 和式(6.11)，可得当 $n > k_0$ 时

$$\| \mathcal{M}(n+1) \| \leqslant \| \mathcal{M}(n) \| + \| \mathcal{D}'(k_0) \|$$

因此

$$\| \mathcal{M} \| + n \leqslant \| \mathcal{M}(n) \| \leqslant (n - k_0) \| \mathcal{D} \| + \| \mathcal{M}(k_0) \|$$

对于任意的 $n > k_0$ 成立，即

$$p(T)=\lim_{n\to\infty}\frac{\log\|\mathcal{M}(n)\|}{\log n}=1$$

文献[74]中已经证明一维的区间交换映射(可以看作一维的 PWIs)的复杂度存在,其要么为0,要么为1. 事实上,我们发现对于IET而言,$\mathcal{D}'$ 由有限多个点所组成且对于任意的自然数 n,$\mathcal{D}'(n)$ 仅由有限个点所组成(因为点是不可能被截断的). 因此对于任意的 n 而言,$\|\mathcal{M}(n+1)\|-\|\mathcal{M}(n)\|$ 一定是有限的,故 IET 的复杂度存在,且要么为0,要么为1.

例 6.3.1 假设分片等距系统$(T,M,\mathcal{M})$ 可以表示为 $T(x,y)=(x+\alpha(\text{mod }1),y+\beta(\text{mod }1))$,其中 $\alpha\in\mathbb{Q},\beta\in\mathbb{R}$,且 $M=[0,1)\times[0,1)$. 通过简单的计算可得:如果 $\beta\in\mathbb{Q}$,那么 $p(T)=0$;如果 $\beta\in\mathbb{Q}^{\mathrm{C}}$,那么 $p(T)=1$.

在前面已经证明过,对于可逆的无理 PWI 而言,任意一条奇异线段都会被截断成无穷个小部分,且每一部分的长度都趋于零. 这就给我们一个启示:无理的 PWI 不可能满足命题 6.3.1 的条件. 自然地,对于该类系统,我们如何一般性地确定其复杂度? 接下来的内容是考虑一般条件下,PWI 的复杂度问题.

定义 6.3.1 假设$(T,M,\mathcal{M})$ 为一可逆的 PWI,我们说自然数 n_j 为发生截断现象的时间(称第 j 次发生截断现象),如果存在 $L\in:\mathcal{D}'(n_j-1)$,使得 $T(L)$ 被不连续集(多值集)$\mathcal{D}$ 所截断,且称所有这样的自然数 n_j 所构成的序列 $\{n_j\}_{j=0}^{\infty}$ 为具有截断现象的时间序列. 说自然数序列 $\{n_j\}_{j=0}^{\infty}$ 是 syndetic 的,如果存在一整数 N,使得对于任意的 $j\geqslant 0$ 有 $n_{j+1}-n_j\leqslant N$. 记

$$m_j=\#\{L\in:\mathcal{D}'(n_j-1)\mid L\text{ 被不连续集 }\mathcal{D}\text{ 所截断}\}$$

为第 j 次发生截断现象时,被截断的极大元(线段)的个数.

定理 6.3.1 假设$(T,M,\mathcal{M})$ 为平面上可逆的无理 PWI,如果其发生截断现象的时间序列 $\{n_j\}_{j=0}^{\infty}$ 是 syndetic 的,且 $\{m_j\}_{j=0}^{\infty}$ 是有界的,那么其复杂度存在,且 $p(T)=2$.

证明 令

$$\underline{p(T)}=\liminf_{n\to\infty}\frac{\log\|\mathcal{M}(n)\|}{\log(n)}$$

且

$$\overline{p(T)}=\limsup_{n\to\infty}\frac{\log\|\mathcal{M}(n)\|}{\log(n)}$$

为了完成定理的证明，只需要证明

$$\underline{p(T)}\geqslant 2 \quad 且 \quad \overline{p(T)}\leqslant 2$$

既然$(T,M,\mathcal{M})$为一无理的 PWI，那么根据推论 6.2.1，可得存在自然数 n_0，使得当 $n>n_0$ 时

$$\|\mathcal{M}(n)\|\geqslant\|\mathcal{M}(n-1)\|+\|\mathcal{D}'(n-1)\| \tag{6.12}$$

另一方面，对于发生截断现象的时间序列$\{n_j\}_{j=0}^{\infty}$而言有

$$\|\mathcal{D}'(n_j)\|\geqslant\|\mathcal{D}'(n_{j-1})\|+1 \tag{6.13}$$

结合式(6.12)和式(6.13)，对于任意的自然数 $m\in\mathbb{N}$有

$$\begin{aligned}\|\mathcal{M}(n_0+m)\|&\geqslant\|\mathcal{M}(n_0+m-1)\|+\|\mathcal{D}'(n_0+m-1)\|\\&\geqslant\|\mathcal{M}(n_0+m-2)\|+\|\mathcal{D}'(n_0+m-1)\|+\\&\quad\ \|\mathcal{D}'(n_0+m-2)\|\\&\geqslant\cdots\\&\geqslant\|\mathcal{M}(n_0)\|+\sum_{i=1}^{m}\|\mathcal{D}'(n_0+m-i)\|\\&\geqslant\|\mathcal{M}(n_0)\|+\sum_{l=k(1)}^{k(m)}\|\mathcal{D}'(l)\|+\\&\quad\ \frac{(k(m)-k(1))\cdot((k(m)-k(1))-1)}{2}\end{aligned} \tag{6.14}$$

其中 $k(1)=\min\{j\mid n_j\geqslant n_0\}$ 且 $k(m)=\max\{j\mid n_j\leqslant n_0+m\}$。再因为序列$\{n_j\}_{j=0}^{\infty}$是 syndetic 的，所以存在一常值自然数 N，使得式(6.14)可改写为

$$\|\mathcal{M}(n_0+m)\|\geqslant\|\mathcal{M}(n_0)\|+\left(\frac{m}{N}-1\right)\cdot\|\mathcal{D}'(n_0)\|+\frac{\left(\frac{m}{N}-1\right)\cdot\left(\frac{m}{N}-2\right)}{2} \tag{6.15}$$

因此

$$\underline{p(T)} = \liminf_{n\to\infty} \frac{\log\| \mathcal{M}(n) \|}{\log(n)}$$
$$= \liminf_{m\to\infty} \frac{\log\| \mathcal{M}(n_0+m) \|}{\log(n_0+m)}$$
$$\geqslant \lim_{m\to\infty} \frac{\log\left(\| \mathcal{M}(n_0) \| + \left(\frac{m}{N}-1\right)\cdot \| \mathcal{D}'(n_0) \| + \frac{\left(\frac{m}{N}-1\right)\cdot\left(\frac{m}{N}-2\right)}{2}\right)}{\log(n_0+m)}$$
$$=2$$

接下来我们将证明 $\overline{p(T)} \leqslant 2$. 事实上，由式(6.4) 可得对于任意的 $n \in \mathbb{N}$ 有

$$\begin{aligned}\| \mathcal{M}(n) \| &\leqslant \| \mathcal{M}(n-1) \| + \| \mathcal{D}'(n) \| \\ &\leqslant \| \mathcal{M}(n-2) \| + \| \mathcal{D}'(n-1) \| + \| \mathcal{D}'(n) \| \\ &\leqslant \| \mathcal{M}(0) \| + \sum_{i=0}^{n} \| \mathcal{D}'(i) \| \end{aligned} \tag{6.16}$$

而 $m_j (j \in \mathbb{N})$ 是有界的，且每个极大元(线段) 只能被截断成有限个小部分，那么存在一常值自然数 N'，使得

$$\| \mathcal{D}'(n) \| \leqslant \| \mathcal{D}'(n-1) \| + N'$$

从而式(6.16) 可改写为

$$\| \mathcal{M}(n) \| \leqslant \| \mathcal{M}(0) \| + \frac{(n-1)\cdot(n-2)}{2}\cdot N' + \| \mathcal{D}'(0) \| \tag{6.17}$$

因此

$$\overline{p(T)} = \limsup_{n\to\infty} \frac{\log\| \mathcal{M}(n) \|}{\log n}$$
$$\leqslant \lim_{n\to\infty} \frac{\log\left(\| \mathcal{M}(0) \| + \frac{(n-1)\cdot(n-2)}{2}\cdot N' + \| \mathcal{D}'(0) \|\right)}{\log n} = 2$$

证明完毕.

上面我们讨论的是一般情况下无理 PWIs 的复杂度(限定约束条件下). 因为对于无理的情形而言，$\mathcal{D}'(n)$ 中的每个极大元(线段) 都不会与 $\Gamma^1(n)$ 中的任意线段重叠. 然而对于很多有理的 PWIs 而言，这种情况不成立，即 $\mathcal{D}'(n)$ 中的一些极大元(线段) 可能呈周期性现象. 在这种情况下不等式(6.4) 不再

成立. 为了描述这种情况，我们给出如下定义.

定义 6.3.2　假设$(T,M,\mathcal{M})$为有理的 PWI，我们说自然数 t_j 为一个终于加细消失时间(称第 j 次终于消失时间)，如果存在一个极大元 $L\in:\mathcal{D}'(t_j-1)$，使得在一个有限的时间内(记为 l_j，称为加细消失时间)不会被截断，即 $T^i(L)\in:\mathcal{D}'(i+t_j)$，$i=1,2,\cdots,l_j$ 且 $T^{l_j}(L)\subset\mathcal{D}$.

显然地，一旦某一极大元 $L\in:\mathcal{D}'(n)$ 在 $\mathcal{D}$ 上，那么 L 一定是周期的，且对于任意的自然数 $i\in\mathbb{N}$，$T^i(L)$ 一定与 $\Gamma^1(n)$ 中的某一线段重合，从而极大元 $T^i(L)$ 不会把任意的有限元胞划分成多个部分(形象地说，L 在划分加细中的作用消失，这也是作者把上述时间 t_j 称为终于奇异消失时间的初衷). 下面为简便起见，我们总假设任意极大元在一次迭代过程中最高被不连续集 $\mathcal{D}$ 划分为两个部分，事实上，划分为更多有限部分也可同样考虑. 首先令 $S(n)=\{L\mid L\in:\mathcal{D}'(n)\text{但}L\not\subseteq\mathcal{D}\}$ 且 $\|S(n)\|$ 表示所有满足条件的极大元的基数.

命题 6.3.2　假设$(T,M,\mathcal{M})$为可逆的 PWI，如果存在一自然数 n_0，使得 $\|S(n_0)\|=0$，那么复杂度存在且 $p(T)=0$；如果存在一正整数 N_0，使得对所有的自然数 $n\in\mathbb{N}$都有 $0<\|S(n)\|\leqslant N_0$，那么其复杂度存在且 $p(T)=1$.

证明　如果存在自然数 n_0 使得$\|S(n_0)\|=0$，那么 $\mathcal{D}(n_0)$ 中所有的极大元在划分加细中的作用"消失"，即 $\|\mathcal{M}(n_0+1)\|=\|\mathcal{M}(n_0)\|$，显然 $p(T)=0$. 接下来的证明也是非常平凡的，不再赘述.

为了更好地叙述一类典型的可逆分片无理映射的加细过程，从而在具体例子的实际计算过程中提供一个算法，我们把上面所提及的几个时间序列做更具体的描述. 同样地，我们假设任意的极大元在加细过程中最多被截成两个部分(不失一般性). 对于任意的 $L\in:\mathcal{D}'$，我们称自然数 $n_j(L)$ 为初始极大元 $L\in:\mathcal{D}'$ 的第 j 次被不连续集 $\mathcal{D}$ 所截断的时间，如果 $L'\in:\mathcal{D}'(n_j-1)$ 且 $T^{-n_j+2}(L')\subset L\in\mathcal{D}'$，使得 $T(L')$ 被不连续集 $\mathcal{D}$ 所截断. 同理可以定义任意初始极大元的终于加细消失时间和消失时间 $t_j(L)$ 和 $l_j(L)$.

定理 6.3.2　假设$(T,M,\mathcal{M})$为可逆的有理 PWI，如果满足条件：

(1) 对于任意的初始极大元 $L\in:\mathcal{D}'$，有 $n_j(L)=t_j(L)$.

(2) 对于所有的初始极大元 $L \in :\mathcal{D}'$,存在一个公共的自然数 k_0,使得

$$l_j(L) \leqslant n_{j+k_0}(L) - n_j(L)$$

那么 $p(T)=0$ 或 $p(T)=1$.

证明 事实上,我们只要证明 $\| S(n) \|$ 是一致有界的. 假设 $\mathcal{D}'$ 仅含 N_0 个初始极大元,即 $\| \mathcal{D}' \| = N_0$. 记 $\mathcal{D}' = \{L_1, L_2, \cdots, L_{N_0}\}$ 且对于任意的 $i=1, 2, \cdots, N_0$,有

$$S_{L_i}(n) = \{L \mid L \in :S(n) \text{ 且 } T^{-n+1}(L) \subset L_i\}$$

显然 $\| S(n) \| = \sum_{i=1}^{N_0} \| S_{L_i}(n) \|$,于是只需要证明每个 $\| S_{L_i}(n) \|$ 是一致有界的.

下面我们将证明对于任意的 $i \in \{1, 2, \cdots, N_0\}$,$\| S_{L_i}(n) \|$ 是一致有界的. 对于任意的自然数 $n \in \mathbb{N}$,不妨设存在一自然数 j,使得 $n_j(L_i) \leqslant n < n_{j+k_0}(L_i)$,现对自然数 j 进行归纳证明.

当 $j=1$ 且 $n_1(L_i) \leqslant n < n_2(L_i)$ 时,因为 L_i 只发生一次被截断现象,从而有 $\| S_{L_i}(n) \| \leqslant 2$,此时 L_i 被截断成两个部分,记作 $L_{i1}, L_{i2} \in :\mathcal{D}'(n_1)$. 又因为 n_1 也是终于加细消失时间,即 L_{i1}, L_{i2} 中有一极大元的加细作用将会消失(不再被截断),且其消失时间 $l_1(L_i) \leqslant n_{1+k_0}(L_i) - n_1(L_i)$. 从而对所有的 $n_1(L_i) \leqslant n < n_{1+k_0}(L_i)$,有 $\| S(n) \| \leqslant k_0 + 1$.

当 $j=2$ 时,对于任意的 $n_2(L_i) \leqslant n < n_{2+k_0}(L_i)$,如果有 $n_2(L_i) \leqslant n < n_{1+k_0}(L_i)$,那么上面的分析已经得到 $S_{L_i}(n) \leqslant k_0 + 1$. 否则,如果 $n_{1+k_0}(L_i) \leqslant n < n_{2+k_0}(L_i)$,那么 L_i 再发生一次截断现象,但同时 L_{i1}, L_{i2} 中的一极大元已经回到不连续集 $\mathcal{D}$ 上,从而 $\| S(n) \| \leqslant k_0 + 1 + (1-1) = k_0 + 1$. 通过归纳法,可得对于任意的自然数 $n \in \mathbb{N}$ 有 $S_{L_i}(n) \leqslant k_0 + 1$. 因此得证. 对于任意的自然数 $n \in \mathbb{N}$ 有

$$\| S(n) \| = \sum_{i=1}^{N_0} \| S_{L_i}(n) \| \leqslant (k_0 + 1) \cdot N_0$$

证明完毕.

§ 6.4　复杂度计算举例

本节主要是利用定理 6.3.2 所提供的算法来对一个具体的例子(Sigma－Delta 映射)的复杂度进行计算. 可以发现,虽然定理 6.3.2 在叙述过程中给出了相应的条件,但是在一些实际的例子中,很大一部分都满足定理所叙述的条件. 从这方面来说定理 6.3.2 所叙述的内容在很大程度上具有一般性.

Sigma－Delta 调幅器中的分片旋转映射[65,55,24] $f_\theta(z): M_\theta \to M_\theta$ 如下

$$f_\theta(z) = \exp(-\mathrm{i}\theta)z + W\delta(z) \tag{6.18}$$

其中 $M_\theta = A \cup B \cup C \cup D, W = -\frac{\omega}{\sin\theta}, \omega = \exp(-\mathrm{i}\theta)$,并且

$$\delta(z) = \begin{cases} 1 - 2\cos\theta, & \text{如果 } z \in A \\ -1 - 2\cos\theta, & \text{如果 } z \in B \\ -1 + 2\cos\theta, & \text{如果 } z \in C \\ 1 + 2\cos\theta, & \text{如果 } z \in D \end{cases}$$

这里考虑的是 $\theta = \frac{3\pi}{5}$(图 6.1),下文把该映射记作 $f_{\frac{3\pi}{5}}$. 文献[24,44]已得 M_θ 中的几乎所有点都是周期的,但映射 $f_{\frac{3\pi}{5}}$ 不是预周期的. 所以

$$\| \mathcal{M}(n) \| \geqslant \| \mathcal{M}(n-1) \| + 1 \geqslant \cdots \geqslant \| \mathcal{M} \| + n = m + n$$

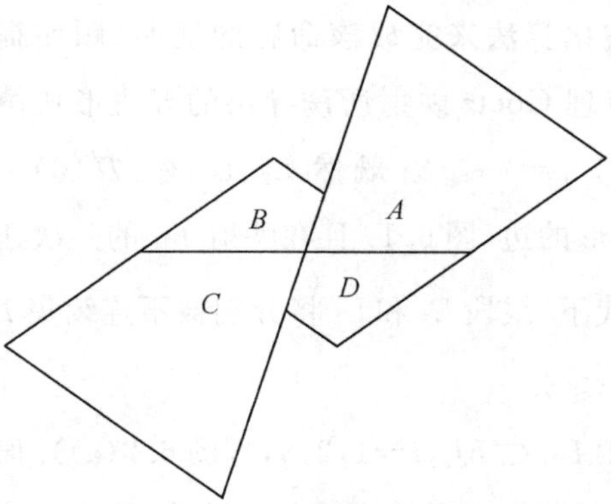

(a)初始划分图

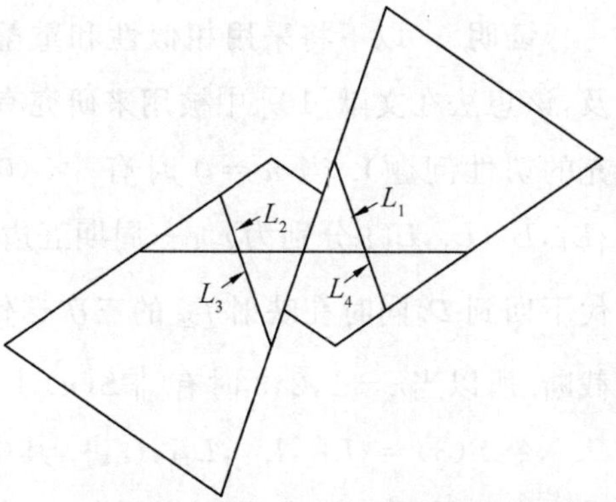

(b)在一次迭代下得到的加细图

图 6.1　Sigma－Delta 调幅器中的分片旋转映射,其中参数 $\theta = \frac{3\pi}{5}$

从而

$$p(f_{\frac{3\pi}{5}}) \geqslant 1 \tag{6.19}$$

接下来,我们将证明其复杂度确实为 1. 如文献[24,44] 所得,在映射 $f_{\frac{3\pi}{5}}$ 的迭代下,存在无穷多个周期多边形且其周期编码(在移位映射所构成的等价关系下) 可以表示为

$$P(\bigoplus_{j=1}^{n} 1^{3k_{1j}}\ 43^{3k_{2j}}2)$$

其中 $k_{ij} \in \{1,2\}, i=1,2$ 且 $n \in \mathbb{N}$.

令序列 $\{n_k\}$ 和 $\{n'_k\}$ 分别为具有相同周期数的十边形和五边形的个数. 从文献[24,44] 可得

$$n_1 = 2, n'_1 = 2, n_2 = 8, \text{且 } n'_2 = 14, n_3 = 52, \cdots$$

且对所有的 $k \geqslant 2$,有

$$\begin{cases} n_{k+1} = 3n_k + 2n'_k \\ n'_{k+1} = n_{k+1} + 3n_k \end{cases} \tag{6.20}$$

注记 6.4.1　从递归方程(6.20) 可得,当 $k \geqslant 2$ 时,所有的周期多边形的周期数 n_k, n'_k 满足 $n_{k+1} > n_k, n'_{k+1} > n'_k, n'_{k-1} < n_k < n'_k$;同时 n_k, n'_k 为正的偶数. 再者,当 $k \geqslant 2$ 时,$4 \mid n_k$;且当 $k \geqslant 3$ 时,$4 \mid n'_k$.

命题 6.4.1　对于旋转参数 $\theta = \frac{3\pi}{5}$ 的 Sigma－Delta 系统而言,集合 $S(n)$ 仅包含有限条线段,且对于任意的 $n \in \mathbb{N}$ 有 $\| S(n) \| \leqslant 6$.

证明　以下将采用相似性和重整化算法来完成该命题的证明(顺便提及,该想法在文献[10] 中被用来研究有理 Goetz 映射所诱导出的五边形块填充的切性问题). 当 $n=0$ 时有 $| S(0) | = 4 \leqslant 6$; 既然 $L_2, L_4 \in :\mathcal{D}'(0) = \{L_1, L_2, L_3, L_4\}$ 分别为 n'_1－周期五边形的边(图 6.1) 且在映射 $f_{\frac{3\pi}{5}}$ 的一次迭代下回到 $\mathcal{D}$. 同时在映射 $f_{\frac{3\pi}{5}}$ 的三次迭代下,线段 L_1 和 L_3 将分别被不连续集 $\mathcal{D}$ 截断. 所以当 $n=1,2,3$ 时有 $\| S(n) \| \leqslant 6$.

令 $S(3) = \{L_{11}, L_{12}, L_{13}, L_{14}\}$,其中 $L_{1i} \subset M_i, i=1,2,3,4$(图 6.2(a)). 值得注意的是 L_{11} 和 L_{13} 分别为两个 n_1－周期十边形的边且永不被截,并经过映射 $f_{\frac{3\pi}{5}}$ 的三次迭代后回到 $\mathcal{D}$.

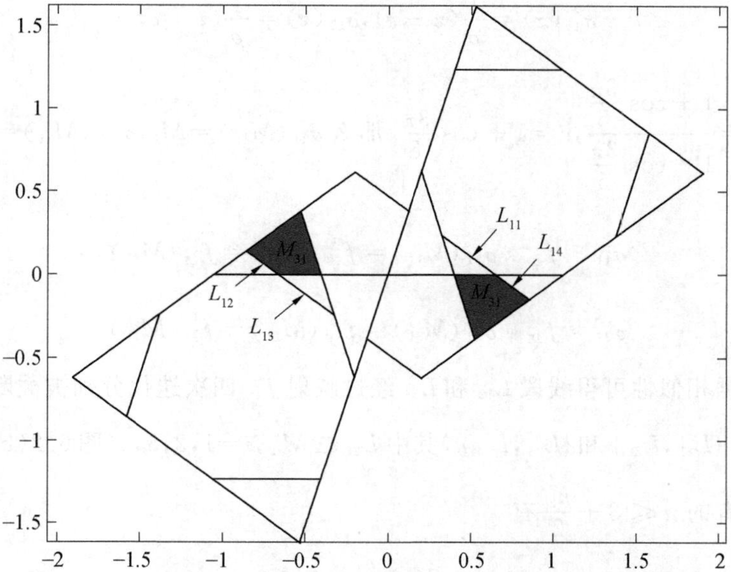

(a)

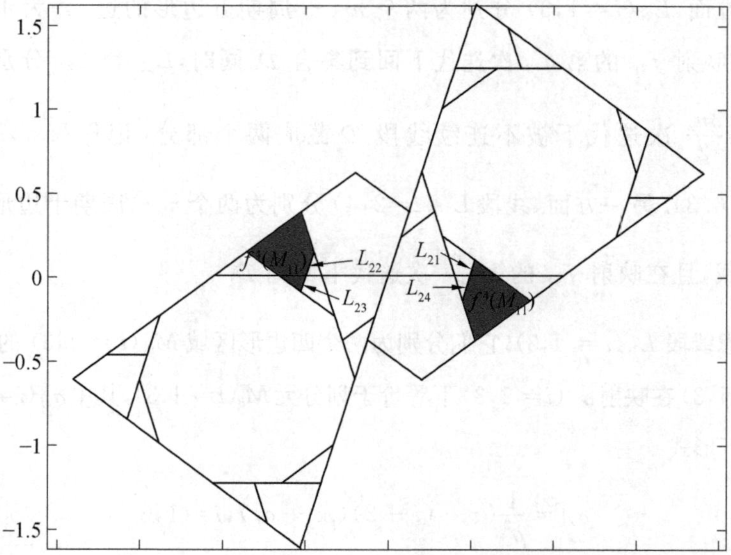

(b)

图 6.2　各极大元在映射迭代下的首次截断图

考虑 $S(3)$ 中的另外两条线段 L_{12} 和 L_{14}. 令 $\sigma_{i1}:\mathbb{C}\to\mathbb{C}(i=1,3)$ 为如下形式的两个相似变换

$$\sigma_{11}(z)=\frac{1}{\rho}(\bar{z}-c),\sigma_{31}(z)=\frac{1}{\rho}(\bar{z}+c)$$

其中 $\rho=\dfrac{1+\cos\frac{3\pi}{5}}{1-\cos\frac{3\pi}{5}}$，$c=1+\cos\frac{3\pi}{5}$. 那么 $\sigma_{11}(M_{11})=M_1$，$\sigma'_{13}(M_{31})=M_3$，且

$$\sigma_{11}^{-1}\circ f_{\frac{3\pi}{5}}\circ\sigma_{11}(M_{11})=f_{\frac{3\pi}{5}}^{\frac{n_2}{2}}(M_{31})=f_{\frac{3\pi}{5}}^{4}(M_{31})$$

$$\sigma_{31}^{-1}\circ f_{\frac{3\pi}{5}}\circ\sigma_{31}(M_{31})=f_{\frac{3\pi}{5}}^{\frac{n_2}{2}}(M_{11})=f_{\frac{3\pi}{5}}^{4}(M_{11})$$

所以根据相似性可得线段 L_{12} 和 L_{14} 经过映射 $f_{\frac{3\pi}{5}}$ 四次迭代分别被截断成两部分，记作 $\{L_{21},L_{22}\}$ 和 $\{L_{23},L_{24}\}$，其中 $L_{2i}\subset M_{i1}$，$i=1,2,3,4$(图 6.2(b)). 因此有对所有的 $n\leqslant 3+\frac{n_2}{2}$ 有

$$\| S(n)\| =4\leqslant 6$$

一方面，$L_{2i}(i=1,3)$ 分别为两个 n'_2－周期五边形的边，并为永不被截的，且在映射 $f_{\frac{3\pi}{5}}$ 的第 n'_2 次迭代下回到集合 $\mathcal{D}$. 同时，L_{22} 和 L_{24} 分别在映射 $f_{\frac{3\pi}{5}}$ 的第 $\frac{3n_2}{2}$ 次迭代下被不连续线段 $\mathcal{D}$ 截成两个部分，记作 $\{L_{31},L_{32},L_{33},L_{34}\}$(图 6.3). 另一方面，线段 $L_{3i}(i=2,4)$ 分别为两个 n_2－周期十边形的边并永不被截，且在映射 $f_{\frac{3\pi}{5}}$ 的第 $\frac{3n_2}{2}$ 次迭代下回到 $\mathcal{D}$.

考虑线段 $L_{3i}(i=1,3)$，它们分别为两个四边形区域 $M_{i2}(i=1,3)$ 的边界，且 $M_{i2}(i=1,3)$ 在映射 $\sigma_{2i}(i=1,3)$ 下等价于划分元 $M_i(i=1,3)$，其中 $\sigma_{2i}(i=1,3)$ 分别为如下形式

$$\sigma_{2i}=\frac{1}{\rho^2}(z+(i-2)(\rho c+c)),i=1,3$$

$\sigma_{2i}(M_{i2})=M_i$ 且

$$\sigma_{21}^{-1}\circ f_{\frac{3\pi}{5}}\circ\sigma_{21}(M_{12})=f_{\frac{3\pi}{5}}^{\frac{n_3}{2}}(M_{32})$$

$$\sigma_{23}^{-1}\circ f_{\frac{3\pi}{5}}\circ\sigma_{23}(M_{32})=f_{\frac{3\pi}{5}}^{\frac{n_3}{2}}(M_{12})$$

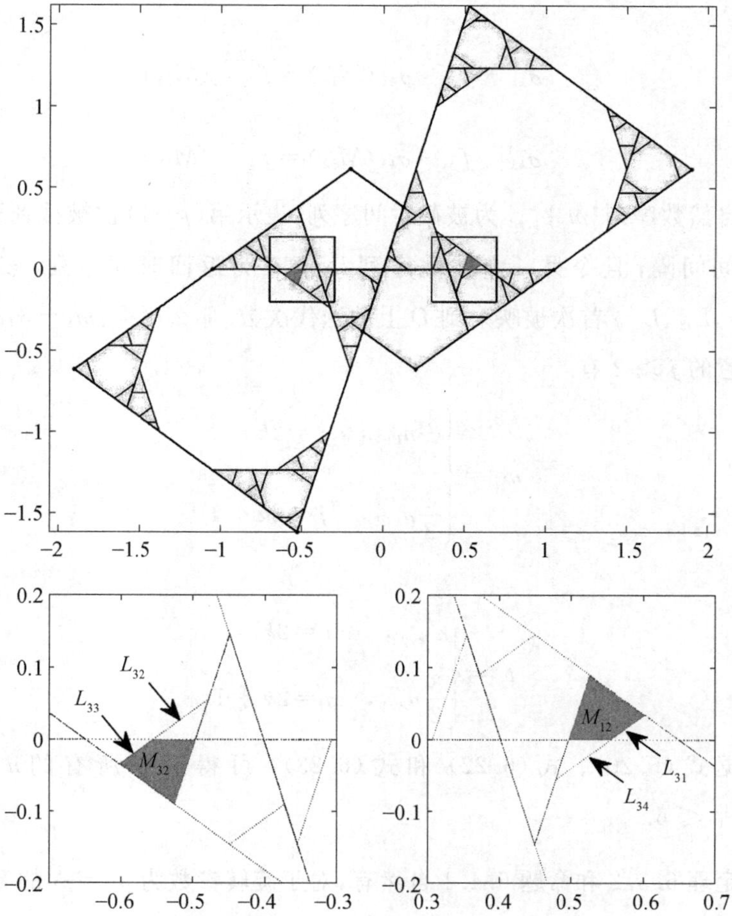

图 6.3　各极限元在映射迭代下的再次截断图

重复上面的过程，可以得到相似变换列 $\{\sigma_{ki}\}_{k=1}^{\infty}(i=1,3)$ 和四边形序列 $\{M_{ik}\}_{k=1}^{\infty}(i=1,3)$，满足如下形式

$$\sigma_{ki}(z)=\begin{cases}\dfrac{1}{\rho^k}\left(\bar{z}+(i-2)\sum\limits_{j=0}^{k-1}\rho^j c\right), & \text{如果 } k \text{ 为奇数}\\ \dfrac{1}{\rho^k}\left(z+(i-2)\sum\limits_{j=0}^{k-1}\rho^j c\right), & \text{如果 } k \text{ 为偶数}\end{cases}\tag{6.21}$$

使得

$$\sigma_{ki}(z)(M_{ik})=M_i,i=1,3$$

且

$$\sigma_{k1}^{-1} \circ f_{\frac{3\pi}{5}} \circ \sigma_{k1}(M_{1k}) = f_{\frac{3\pi}{5}}^{\frac{n_{2k-1}}{2}}(M_{3k})$$

$$\sigma_{k3}^{-1} \circ f_{\frac{3\pi}{5}} \circ \sigma_{k3}(M_{3k}) = f_{\frac{3\pi}{5}}^{\frac{n_{2k-1}}{2}}(M_{1k})$$

令自然数序列$\{m_j\}_{j=1}^{\infty}$为被截时间序列,表示第$(j-1)$次被截到第j次被截的时间间隔,且令另一自然数序列$\{t_j\}_{j=1}^{\infty}$为返回时间序列,表示线段$\{L_{j1},L_{j2},L_{j3},L_{j4}\}$首次被映射到$D$上的迭代次数.那么可得:$m_1=3$,$t_1=3$且对于任意的$j\geqslant 2$有

$$m_j=\begin{cases}\frac{1}{2}n_{k+1}, & j=2k\\ \frac{3}{2}n_{k+1}, & j=2k+1\end{cases} \tag{6.22}$$

和

$$t_j=\begin{cases}n'_{k+1}, & j=2k\\ \frac{3}{2}n_{k+1}, & j=2k+1\end{cases} \tag{6.23}$$

根据式(6.20)、式(6.22)和式(6.23),可得对于所有的$n\in\mathbb{N}$有$\| S(n) \| \leqslant 6$.

从定理6.3.2和命题6.4.1自然有,对于旋转参数为$\theta=\frac{3\pi}{5}$的Sigma-Delta映射而言,其划分动力学加细的基数满足

$$\begin{aligned}\| \mathcal{M}(n) \| &\leqslant \| \mathcal{M}(n-1) \| + \| \mathcal{S}(n-1) \| \\ &\leqslant \| \mathcal{M}(n-2) \| + \| \mathcal{S}(n-2) \| + \| \mathcal{S}(n-1) \| \\ &\leqslant \cdots \\ &\leqslant \| \mathcal{M}(0) \| + \sum_{i=0}^{n-1} \| \mathcal{S}(i) \| \\ &\leqslant 6(n+1)\end{aligned}$$

因此

$$\limsup_{n\to\infty} \frac{\log |\mathcal{M}(n)|}{\log n} \leqslant 1$$

即

$$p(f_{\frac{3\pi}{5}}) \leqslant 1 \tag{6.24}$$

联合不等式(6.19) 和(6.24),下面的定理得证.

定理 6.4.1　对于旋转参数为 $\theta=\frac{3\pi}{5}$ 的 Sigma－Delta 映射而言,其复杂度等于 1.

虽然有理的 Sigma－Delta 映射为轨道周期的(即几乎所有的轨道都为周期的),但是从上面可得其复杂度依然为正的.于是猜想 PWIs 的周期性与复杂性有非常紧密的关系.更准确地,我们猜想:对于平面 PWI f 而言,

$$p(f)=\begin{cases}0, & \text{如果 } f \text{ 为预周期} \\ 1, & \text{如果 } f \text{ 为非预周期但是轨道周期的} \\ 2, & \text{如果 } f \text{ 为非周期的}\end{cases}$$

参考文献

[1] GOLDBERG M. Packing of 18 equal circles on a sphere[J]. Elements of Mathematics,1965,20:59-61.

[2] KRAVITZ S. Packing cylinders into cylindrical containers [J]. Mathematics Magazine,1967,40(2):65-71.

[3] SCHAER J. The densest packing of 9 circles in a square[J]. Canadian Mathematical Bulletin,1965,8(3):273-277.

[4] SCHAER J,MEIR A. On a geometric extremum problem[J]. Canadian Mathematical Bulletin,1965,8(1):21-27.

[5] ADDIS B,LOCATELLI M,SCHOEN F. Disk packing in a square: A new global optimization approach [J]. INFORMS Journal on Computing,2008,20(4):516-524.

[6] ASHWIN P,FU X C. Tangencies in invariant disc packings for certain planar piecewise isometries are rare[J]. Dynamical Systems, 2001, 16 (4):333-345.

[7] ASHWIN P,FU X C,DEANE J. Properties of the invariant disk packing in a model bandpass sigma-delta modulator[J]. International Journal of Bifurcation and Chaos,2003,13(3):631-641.

[8] YU R Z,FU X C,SHUI S L. Density of invariant disk packings for planar piecewise isometries[J]. Dynamical Systems,2007,22(1):65-72.

[9] TROVATI M,ASHWIN P,BYOTT N. Packings induced by piecewise isometries cannot contain the arbelos [J]. Discrete & Continuous Dynamical Systems - A,2008,22(3):791-806.

[10] TROVATI M,ASHWIN P. Tangency properties of a pentagonal tiling generated by a piecewise isometry [J]. Chaos, An Interdisciplinary

Journal of Nonlinear Science,2007,17(4):043129.

[11] FU X C,SHUI S L,YUAN L G. Tangents-free property in invariant disk packings generated by some general planar piecewise isometries [J]. Chaos,Solitons & Fractals,2008,36(1):115-120.

[12] GOETZ A. Stability of piecewise rotations and affine maps [J]. Nonlinearity,2001,14(2):205-219.

[13] MENDES M, NICOL M. Periodicity and recurrence in piecewise rotations of Euclidean spaces[J]. International Journal of Bifurcation and Chaos,2004,14(7):2353-2361.

[14] MENDES M. Stability of periodic points in piecewise isometries of Euclidean spaces[J]. Ergodic Theory and Dynamical Systems,2007,27(1):183-197.

[15] ADLER R L, KONHEIM A G, MCANDREW M H. Topological entropy[J]. Transactions of the American Mathematical Society, 1965,114(2):309-319.

[16] BOWEN B. Topological entropy and axiom A[C]//CHERN S S, SMHLE S. Global analysis (Proceedings of Symposia in Pure Mathematics),American Mathematical Society,1970(12):23-41.

[17] GUTKIN E, HAYDN N. Topological entropy of generalized polygon exchanges[J]. Bulletin of the American Mathematical Society,1995,32(1):50-56.

[18] GUTKIN E, HAYDN N. Topological entropy of polygon exchange transformations and polygonal billiards [J]. Ergodic Theory and Dynamical Systems,1997,17(4):849-867.

[19] GOETZ A. Sofic subshifts and piecewise isometric systems[J]. Ergodic Theory and Dynamical Systems,1999,19(6):1485-1501.

[20] BUZZI J. Piecewise isometries have zero topological entropy [J]. Ergodic Theory and Dynamical Systems,2001,21(5):1371-1377.

[21] POGGIASPALA G. Unpublished DEA thesis[D]. Marseille: University of Marseille-Luminy, 2000.

[22] GUTKIN E, TABACHNIKOV S. Complexity of piecewise convex transformations in two dimensions, with applications to polygonal billiards on surfaces of constant curvature[J]. Moscow Mathematical Journal, 2006, 6(4): 673-701.

[23] CHEN Z H, FU X C, YU R Z. Dynamical complexity of planar piecewise isometries [C]//2009 International Workshop on Chaos-Fractals Theories and Applications. November 6-8, 2009, Shenyang, China. IEEE, 2009: 11-15.

[24] FU X C, YU R Z, CHEN G R, et al. Periodicity and complexity of a rational Sigma-Delta map, submitted, 2010.

[25] CHUA L O, LIN T. Chaos in digital filters[J]. IEEE Transactions on Circuits and Systems, CAS-I, 1988, 35: 648-658.

[26] FU X C, CHEN Z H, GAO H J, et al. Chaotic sets of continuous and discontinuous maps[J]. Nonlinear Analysis: Theory, Methods & Applications, 2010, 72(1): 399-408.

[27] KAHNG B. Redefining chaos: devaney-chaos for piecewise continuous dynamical systems[J]. International Journal of Mathematical. Models and Methods in Applied Sciences, 2009, 3(4): 317-326 .

[28] KANHNG B. On Denvaney's definiton of chaos for discontinuous dynamical systems[J]. International Journal of Mathematical Models and Methods in Applied Sciences, 2009, 4: 317-326.

[29] KAHNG B. Singularities of two-dimensional invertible piecewise isometric dynamics[J]. Chaos, 2009, 19(2): 023115.

[30] HALLER H. Rectangle exchange transformations[J]. Monatshefte für Mathematik, 1981, 91(3): 215-232.

[31] KEANE M. Interval exchange transformations [J]. Mathematische

Zeitschrift,1975,141(1):25-31.

[32] VEECH W A. Interval exchange transformations[J]. Journal d'Analyse Mathématique,1978,33(1):222-272.

[33] VEECH W A. Gauss measures for transformations on the space of interval exchange maps[J]. The Annals of Mathematics,1982,115(2):201.

[34] AVILA A,LEGUIL M. Weak mixing properties of interval exchange transformations & translation flows [J]. Bulletin de la Societe Mathematique de France,2016,146(2):391-426.

[35] 周作领. 符号动力系统[M]. 北京:科学出版社,2001.

[36] 郑伟谋,郝柏林. 实用符号动力学[M]. 上海:上海科技教育出版社,1994.

[37] 张筑生. 微分动力系统原理[M]. 北京:科学出版社,1987.

[38] 叶向东,黄文,邵松. 拓扑动力系统概论[M]. 北京:科学出版社,2008.

[39] 邵松. 动力系统和族[D]. 北京:中国科技大学,2004.

[40] JOST J. Dynamical Systems[M]. 北京:科学出版社,2006.

[41] 陈绥阳,褚蕾蕾. 动力系统基础及其方法[M]. 北京:科学出版社,2002.

[42] 丁玖,周爱辉. 确定性系统的统计性质[M]. 北京:清华大学出版社,2006.

[43] WALTERS P. 遍历性理论引论[M]. 北京:世界图书出版公司,2003.

[44] 陈占和. 平面分片等距映射的动力学性质[D]. 上海:上海大学,2009.

[45] YU R Z,FU X C,WANG K M,et al. Dynamical behaviors and codings of invertible planar piecewise isometric systems [J]. Nonlinear Analysis: Theory, Methods & Applications, 2010, 72 (9/10): 3575-3582.

[46] CHEN Z H, FU X C, YU R Z. Dynamical complexity of planar piecewise isometries [C]. Shenyang, China: International Complex Networks and Workshop on Fractal Theory and Applications,2009.

[47] ASHWIN P, FU X C. Symbolic analysis for some planar piecewise linear maps[J]. Discrete & Continuous Dynamical Systems - A, 2003, 9(6): 1533-1548.

[48] BOSHERNITZAN M, GOETZ A. A dichotomy for a two-parameter piecewise rotation[J]. Ergodic Theory and Dynamical Systems, 2003, 23(3): 759-770.

[49] GOETZ A, QUAS A. Global properties of a family of piecewise isometries[J]. Ergodic Theory and Dynamical Systems, 2009, 29(2): 545-568.

[50] ASHWIN P, GOETZ A. Cone exchange transformations and boundedness of orbits[J]. Ergodic Theory and Dynamical Systems, 2010, 30(5): 1311-1330.

[51] GOETZ A. Perturbations of 8-attractors and births of satellite systems [J]. International Journal of Bifurcation and Chaos, 1998, 8(10): 1937-1956.

[52] MENDES M. Quasi-invariant attractors of piecewise isometric systems [J]. Discrete and Continuous Dynamical Systems, 2003, 9(2): 323-338.

[53] FU X C, DUAN J Q. Global attractors and invariant measures for non-invertible planar piecewise isometric maps[J]. Physics Letters A, 2007, 371(4): 285-290.

[54] FU X C, DUAN J Q. On global attractors for a class of nonhyperbolic piecewise affine maps[J]. Physica D: Nonlinear Phenomena, 2008, 237(24): 3369-3376.

[55] DEANE J H B. Global attraction in the sigma-delta modulator piecewise isometry[J]. Dynamical Systems, 2002, 17(4): 377-388.

[56] YU R Z, FU X C, YUAN L G. Global attraction in the piecewise rotation of the Sigma-Delta modulator [J]. Journal of Shanghai University (English edition), 2005, 9(6): 480-484.

[57] MENDES M. Discontinuous maps exhibiting symmetry Lebesgue-almost everywhere[J]. Dynamical Systems,2006,21(3):337-350.

[58] ASHWIN P, GOETZ A. Invariant curves and explosion of periodic islands in systems of piecewise rotations[J]. SIAM Journal on Applied Dynamical Systems,2005,4(2):437-458.

[59] TABACHNIKOV S. On the dual billiard problem[J]. Advances in Mathematics,1995,115(2):221-249.

[60] VIVALDI F, SHAIDENKO A V. Global stability of a class of discontinuous dual billiards[J]. Communications in Mathematical Physics,1987,110(4):625-640.

[61] FEELY O, FITZGERALD D. Nonideal and chaotic behaviour in bandpass sigma-delta modulators[C]. Sevilla: The 4th International Workshop on Nonlinear Dynamics of Electronic Systems,1996.

[62] FEELY O, FITZGERALD D. Bandpass sigma-delta modulation—an analysis from the perspective of nonlinear dynamics[C]//1996 IEEE International Symposium on Circuits and Systems (ISCAS). May 15-15,1996,Atlanta,GA,USA. IEEE,1996:146-149.

[63] FEELY O. A tutorial introduction to non-linear dynamics and chaos and their application to sigma-delta modulators[J]. International Journal of Circuit Theory and Applications,1997,25(5):347-367.

[64] FEELY O,FOURNIER-PRUNARET D,TARALOVA-ROUX I,et al. Nonlinear dy namics of bandpass sigma-delta modulation—an investigation by means of the critical lines tool[J]. International Journal of Bifurcation Chaos,2000,10:307-323.

[65] ASHWIN P,DEANE J H B,FU X C. Dynamics of a bandpass sigma-delta modulator as a piecewise isometry[C]//ISCAS 2001. The 2001 IEEE International Symposium on Circuits and Systems. May 6-9, 2001,Sydney,NSW,Australia. IEEE,2001:811-814.

[66] DAVIES A. Periodic non-linear oscillations from bandpass sigma-delta modulators[C]. Atlanta,GA:ISCAS,1996.

[67] SCOTT A J, HOLMES C A, MILBURN G J. Hamiltonian mappings and circle packing phase spaces[J]. Physica D: Nonlinear Phenomena, 2001,155(1/2):34-50.

[68] DAVIES A C. Nonlinear oscillations and chaos from digital filter overflow [J]. Philosophical Transactions of the Royal Society of London Series A: Physical and Engineering Sciences,1995,353(1701):85-99.

[69] ASHWIN P. Non-smooth invariant circles in digital overflow oscillations[C]. Serilla: The 4th Interational Workshop on Nonlinear Dynamics of Electronic Systems,1996.

[70] ASHWIN P. Elliptic behaviour in the sawtooth standard map[J]. Physics Letters A,1997,232(6):409-416.

[71] KAHNG B. Dynamics of symplectic piecewise affine elliptic rotation maps on tori[J]. Ergodic Theory and Dynamical Systems,2002,22(2):483-505.

[72] KOCAREV L, WU C W, CHOA L O. Complex behavior in digital filters with overflow nonlinearity: Analytical results [J]. IEEE Transactions on Circuits and Systems II: Analog and Digital Signal Processing,1966,43(3):234-246.

[73] ADLER R, KITCHENS B, TRESSER C. Dynamics of non-ergodic piecewise affine maps of the torus[J]. Ergodic Theory and Dynamical Systems,2001,21(4):959-999.

[74] ASHWIN P, FU X C. On the geometry of orientation-preserving planar piecewise isometries[J]. Journal of Nonlinear Science, 2002, 12(3):207-240.

[75] AHARONOV D, DEVANEY R L, ELIAS U. The dynamics of a

piecewise linear map and its smooth approximation[J]. International Journal of Bifurcation and Chaos,1997,7(2):351-372.

[76] GOETZ A. Dynamics of a piecewise rotation[J]. Discrete & Continuous Dynamical Systems - A,1998,4(4):593-608.

[77] GOETZ A. Dynamics of piecewise isometries[J]. Illinois Journal of Mathematics,2000,44(3):465-478.

[78] LIAO G F,WANG L D,ZHANG Y C. Transitivity,mixing and chaos for a class of set-valued mappings[J]. Science in China Series A,2006,49(1):1-8.

[79] ROMÁN-FLORES H. A note on transitivity in set-valued discrete systems[J]. Chaos,Solitons & Fractals,2003,17(1):99-104.

[80] ROMÁN-FLORES H,CHALCO-CANO Y. Robinson's chaos in set-valued discrete systems[J]. Chaos,Solitons & Fractals,2005,25(1):33-42.

[81] GU R B. Kato's chaos in set-valued discrete systems[J]. Chaos,Solitons & Fractals,2007,31(3):765-771.

[82] PERES P,RODRIGUES A. Existence of non-trivial embeddings of interval exchange transformations into piecewise isometries[J]. Ergodic Theory and Dynamical Systems,2025,45(7):2194-2232.

[83] ASHWIN P,GOETZ A,PERES P,et al. Embeddings of interval exchange transformations into planar piecewise isometries[J]. Ergodic Theory and Dynamical Systems,2020,40(5):1153-1179.

[84] COCKRAM N,ASHWIN P,RODRIGUES A. Renormalization of translated cone exchange transformations[J]. Dynamical Systems,2024,39(4):725-758.

[85] SMITH L D,UMBANHOWAR P,LWEPTOW R M,et al. The geometry of cutting and shufffing:An outline of possibilities for piecewise isometries[J]. Physics Reports,2019,802:1-22. https://doi.

org/10.1016/j.physrep.2019.01.003.

[86] WANG M Y, CHRISTOV I C. Cutting and shuffling with diffusion: Evidence for cut-offs in interval exchange maps[J]. Physical Review E, 2018, 98(2): 022221.

[87] HOOPER W P. Renormalization of polygon exchange maps arising from corner percolation[J]. Inventiones Mathematicae, 2013, 191(2): 255-320.

[88] LYNN T F, OTTINO J M, UMBANHOWAR P B, et al. Identifying invariant ergodic subsets and barriers to mixing by cutting and shuffling: Study in a birotated hemisphere[J]. Physical Review E, 2020, 101: 012204.

[89] LOWENSTEIN J H, VIVALDI F. Renormalization of one-parameter families of piecewise isometries[J]. Dynamical Systems, 2016, 31(4): 393-465.

[90] YU R Z, FU X C, WANG K M, et al. Dynamical behaviors and codings of invertible planar piecewise isometric systems [J]. Nonlinear Analysis: Theory, Methods & Applications, 2010, 72 (9/10): 3575-3582.

[91] YU R Z, FU X C, YE L. On codings and dynamics of planar piecewise rotations [J]. Physica D: Nonlinear Phenomena, 2011, 240 (21): 1785-1790.

[92] YU R Z, FU X C. Tangent-free property for periodic cells generated by some general piecewise isometries[J]. Discrete Dynamics in Nature and Society, 2013, 2013: (1)704962.